新时代大学计算机通识教育教材

人工智能应用通识教程

马　利　黄卫祖　解成俊　胡　彦　林　颖　高建文　杜子君

黎小君　刘晓和　段润英　沈　兰　邱丹平　任　萌　编著

清华大学出版社

北　京

内 容 简 介

本书以通识性、普及性为基底,以分层能力培养为主轴,以跨学科融合为路径,最终构建"认知→实践→创新"的教育闭环。全书共 5 个单元,单元 1 介绍 AI 大模型原理与应用,单元 2 介绍 AIGC 应用与实践,单元 3 介绍智能体应用,单元 4 介绍具身智能机器人,单元 5 提供 6 个大学生竞赛作品展示。大部分单元包括学习目标、知识链接、数字化学习、项目实验、项目挑战、单元小结等。

本书力图构建基础性与时代性并重,实践性与启发性融合,跨学科与思政育人协同,资源与评价双轮驱动为一体的立体化教学体系。全书文字流畅、通俗易懂,可作为高等学校人工智能应用通识课程的教材,也可作为其他读者了解人工智能应用的参考用书。

图书在版编目(CIP)数据

人工智能应用通识教程/马利等编著. -- 北京:清华大学出版社,2025.9.
(新时代大学计算机通识教育教材). -- ISBN 978-7-302-70354-9

Ⅰ.TP18

中国国家版本馆 CIP 数据核字第 20259DN605 号

责任编辑:袁勤勇
封面设计:常雪影
责任校对:李建庄
责任印制:丛怀宇

出版发行:清华大学出版社
  网 址:https://www.tup.com.cn,https://www.wqxuetang.com
  地 址:北京清华大学学研大厦 A 座   邮 编:100084
  社 总 机:010-83470000   邮 购:010-62786544
  投稿与读者服务:010-62776969,c-service@tup.tsinghua.edu.cn
  质量反馈:010-62772015,zhiliang@tup.tsinghua.edu.cn
  课件下载:https://www.tup.com.cn,010-83470236
印 装 者:三河市铭诚印务有限公司
经 销:全国新华书店
开 本:185mm×260mm   印 张:11.75   字 数:276 千字
版 次:2025 年 9 月第 1 版   印 次:2025 年 9 月第 1 次印刷
定 价:39.00 元

产品编号:108853-01

前　　言

随着生成式人工智能和通用人工智能等前沿技术日新月异的发展,人工智能技术正以前所未有的速度改变着我们的生活,并赋能千行百业,引领我们加速走进一个充满无限可能的智能时代。在人工智能浪潮席卷全球的当下,理解 AI、应用 AI、驾驭 AI、掌握 AI 技能已成为各专业大学生的必备技能,也是其参与未来竞争的核心能力。本书立足于国家人工智能发展战略与教育数字化改革前沿,以"通识筑基、能力进阶、跨界融合"为核心理念,构建覆盖认知、探索到创新实践的全链条学习体系。

本书共 5 个单元,具体内容如下。

◆ 单元 1　AI 大模型原理与应用。

溯源人工智能发展脉络,梳理从专家系统到 GPT-4 的技术演进,重点解析 Transformer 架构与大模型训练方法,并通过 MNIST 手写识别、个性化学习助手等实践项目,帮助读者深入理解大模型的核心原理与应用场景。

◆ 单元 2　AIGC 应用与实践。

介绍生成式 AI 的技术原理,包括 GAN、扩散模型等,并涵盖文本、图像、音频、视频、3D 模型及代码生成的实践案例,展示 AIGC 在创意设计、数字内容生产等领域的创新潜力。

◆ 单元 3　智能体应用。

以 Dify 平台为基础,探讨智能体在知识管理、决策支持等领域的应用,通过实际案例解析智能体的架构设计、工具调用与任务分解方法,培养读者构建智能体解决复杂问题的能力。

◆ 单元 4　具身智能。

聚焦机器人技术与 AI 的结合,分析优必选 Walker、越疆六足机器狗等典型产品的多模态感知与运动控制技术,并探讨其在医疗、物流、家庭服务等场景的落地应用。

◆ 单元 5　作品展示。

精选 6 个优秀 AI 项目,如基于 YOLOv11 的智能毽球训练系统、多模态无障碍出行应用等,展现 AI 技术如何解决真实场景问题,激发读者的创新思维。

本书力图构筑立体化学习生态,其特色如下。

* 基础性与时代性并重:从经典算法到最前沿大模型技术无缝衔接。
* 实践性与启发性融合:每单元配置项目实验与项目挑战,通过"做中学"深化认知。
* 跨学科与思政育人协同:在技术教学中渗透伦理思辨,培育负责任创新意识。
* 资源与评价双轮驱动:配套数字化学习平台,实现能力成长可视化。

本书由马利、黄卫祖等人编著。编写人员除署名外还有廖杰、巫家锐。编写过程中得到了课程组老师的支持和帮助,在此一并感谢。

本书得到教育部高等学校科学研究发展中心中国高校产学研创新基金—科大讯飞智元高校数字化转型创新研究专项课题资助,课题编号为 2023ZY013。

本书在编写和出版过程中得到同行、专家的热情帮助,在此特向有关专家、师生,以及参考文献的作者致以衷心的感谢。

鉴于编者水平有限,书中难免存在不当之处,殷切希望各位读者提出宝贵意见,并恳请各位专家、学者给予批评指正。希望本书能成为读者探索 AI 技术的有力助手,助力大家在智能时代开拓创新,适者大成。

马利　黄卫祖

2025 年夏于广州

目　　录

单元 1　AI 大模型原理与应用

1956 年,计算机专家约翰·麦卡锡提出"人工智能"(Artificial Intelligence,AI)概念,AI 发展由最开始基于小规模专家知识逐步发展为基于机器学习。1980 年,卷积神经网络的雏形 CNN 诞生;1998 年,现代卷积神经网络的基本结构 LeNet-5 诞生,为自然语言生成、计算机视觉等领域的深入研究奠定了基础。2020 年,OpenAI 公司推出了 GPT-3,模型参数规模达到了 1750 亿。2022 年 11 月,搭载了 GPT3.5 的 ChatGPT 横空出世,迅速引爆互联网。2023 年 3 月,超大规模多模态预训练大模型 GPT-4 发布,具备了多模态理解与多类型内容生成能力。2025 年 1 月 20 日 DeepSeek 发布,它的核心优势在于其低成本、高效率的训练和推理能力,降低了大模型的使用门槛。

人工智能是一个非常大的范畴,机器学习是一类用于从数据中自动学习规律和模式的算法,深度学习则是一类使用深度神经网络学习数据的高层次抽象特征和规律的算法。模型是算法的一个具体落地(一堆参数),基于预训练大语言模型,可以开发许多上层应用。

本单元精心打造了 3 个项目,助力学习者深入探索 AI 大模型的奥秘。在"走进智能时代"项目中,我们致力于打造个性化学习助手,让 AI 贴近生活、服务学习,切实感受智能时代的学习便利;"算法基础与应用"项目则通过使用 CNN 实现 MNIST 手写数字和手写汉字识别,夯实学习者对算法的理解并应用于实际的图像识别场景,开启智能识别之门;而"大模型基础与应用"项目聚焦于 Transformer 案例练习,使学习者能够深入理解大模型架构,掌握其应用技巧,为后续在 AI 领域的深入研究和实践应用筑牢根基,勇敢追逐智能时代的梦想,在 AI 征途上不断探索、砥砺前行。

学习目标

能描述人工智能的概念与基本特征。了解人工智能的历史、典型应用与发展趋势。

单元挑战

设计自己的个性化学习助手

项目 1.1　走进智能时代

在人类文明发展的漫长历程中,我们正站在一个前所未有的转折点——智能时代的门槛上。人工智能作为这一时代的核心技术驱动力,正在重塑人类认知世界和改造世界的方式。本项目将系统地介绍人工智能的基本概念、发展脉络、主流技术之间的关系及其典型应用,为读者构建理解智能时代的基础认知框架。

项目学习目标

在本项目中,我们将通过解决几个简单问题,将解决问题的方法归结为一系列清晰、准确步骤的过程,学习人工智能的基本概念,应用智能体设计自己的个性化学习助手。

完成项目学习后,须能回答以下问题:

- 什么是人工智能? 其与传统程序的核心区别是什么?
- AI 发展经历了哪些关键阶段?
- 利用图形语言描述人工智能技术之间的联系。
- 针对学习的实际问题,如何清晰、准确地分步骤描述问题,设计个性化学习助手?

1.1.1　回顾人工智能发展历程

今天看似无处不在的人工智能(AI),却仅有 70 多年的发展历史。让我们用一些典型事件来简单回顾一下人工智能的发展历程。

1. 奠基时期

第一个时期是奠基时期(20 世纪 40 年代—20 世纪 50 年代)——从战争密码到学科诞生。

- 1943 年:阿兰·图灵团队研制的"巨人"密码破译机在第二次世界大战中破解德军密码,缩短战争进程,也为计算机科学奠定基础。
- 1950 年:图灵发表《计算机器与智能》,提出"图灵测试",定义机器智能的评估标准。
- 1956 年:达特茅斯会议召开,约翰·麦卡锡、马文·明斯基等学者首次提出"人工智能"术语,标志着 AI 成为独立学科。

图 1-1 为人工智能领域的著名学者在达特茅斯会议期间的合影。

图 1-1　人工智能领域的著名学者

- 1959 年：亚瑟·塞缪尔创造"机器学习"一词，开发首个自主学习跳棋程序，击败人类冠军。

2. 黄金时代与寒冬时期

第二时期是黄金年代与寒冬时期（20 世纪 60 年代—20 世纪 80 年代）——符号主义与专家系统的兴衰。

- 1966 年：MIT 推出首个聊天机器人 ELIZA，模拟心理医生与病人对话，引发"人机交互"热潮。
- 1968 年：斯坦福研究所开发 Shakey 机器人，首次整合感知、推理与行动能力，成为现代机器人学的先驱。
- 1970 年：专家系统（如医疗诊断系统 MYCIN）兴起，但因依赖规则库与数据不足，陷入发展瓶颈。
- 1980 年：AI 寒冬来临，因技术局限与过度炒作，资金大幅缩减，LISP 机市场崩溃。

核心概念

人工智能（Artificial Intelligence，AI）是一门前沿交叉学科，对其定义一直存有不同的观点。一般认为，它是利用计算机或者计算机控制的机器，模拟、延伸和扩展人的智能，感知环境、获取知识并使用知识获得最佳结果的理论、方法、技术及应用系统。

3. 复兴时期

第三个时期是机器学习的复兴时期（20 世纪 90 年代—21 世纪初）——数据与算法的双重突破。

- 1997 年：IBM"深蓝"击败国际象棋冠军卡斯帕罗夫，展示暴力计算与规则引擎的威力。
- 2006 年：李飞飞启动 ImageNet 项目，构建大规模图像数据库推动计算机视觉革命。
- 2009 年：吴恩达团队提出 GPU 加速神经网络训练，开启深度学习硬件支持时代。

4. 深度学习革命时期

第四个时期是深度学习革命时期（21 世纪初秩）——从实验室到大众生活。

- 2012 年：AlexNet 在 ImageNet 竞赛中以深度学习碾压传统算法，错误率降至 16.4%，引爆 AI 研究热潮。
- 2016 年：DeepMind 的 AlphaGo 击败围棋世界冠军李世石，强化学习与蒙特卡罗树搜索结合展现通用智能潜力。
- 2017 年：Transformer 架构问世，奠定自然语言处理（NLP）新范式，催生 BERT、GPT 等大模型。

5. 大模型发展时期

第五个时期是大模型发展时期（21 世纪 20 年代至今）——生成式 AI 与多模态融合。

- 2020 年：OpenAI 发布 GPT-3,1750 亿参数模型实现高质量文本生成,推动 AI 平民化。
- 2022 年：Stable Diffusion 与 DALL-E 2 引领图像生成革命,AIGC(AI 生成内容)进入主流应用。
- 2024 年：多模态模型,如 DeepSeek-R1 与 Janus-Pro 突破视觉-语言联合推理,推动机器人、医疗诊断等领域发展。
- 2025 年：OpenAI 推出 Deep Research,整合多模态分析与强化学习,实现复杂研究任务自动化,DeepSeek 横空出世。

图 1-2 展示了人工智能的特征。

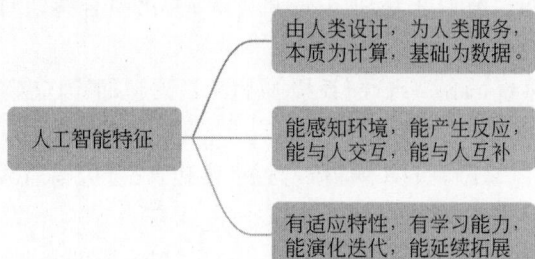

图 1-2 人工智能的特征

1.1.2 了解人工智能现状和趋势

1. 人工智能发展现状

当前 AI 处于深度学习的成熟期与 AGI(通用人工智能)探索的起点,一些 AI 模型在特定任务中已超越人类,但在通用性、自主性和伦理对齐等方面仍待突破。技术发展路径聚焦于扩展算力、提升推理鲁棒性及探索类脑架构等,同时需平衡社会风险与创新需求。像 OpenAI 的 O3 模型在解决很多数理问题方面达到了博士水平,也有一些强大的 AI 模型由于算力限制,没有对普通用户开放,而对机构用户收取每月数万美元的使用费。2024 年 7 月 OpenAI 公布了一套支持自定义 AI 进化等级的分类系统,系统包括 5 个等级。第一级为聊天机器人,是具有对话语言能力的 AI;第二级为推理者,是能解决人类级别问题的 AI;第三级为智能体,是能采取行动的 AI 系统;第四级为创新者,是能辅助发明的 AI;第五级为组织者,是可以完成组织工作的 AI。OpenAI 内部认为自己处于第一级,但即将迈入第二级,即能够解决基本问题任务的系统,类似于拥有博士学位但没有工具的人类。2025 年主流 AI 大模型都有了推理能力,我们熟知的 DeepSeek-R1 模型就展现出了这种能力。2025 年是 AI 智能体应用元年,目前所有的人工智能接近第三级(智能体)水平(类似于自动驾驶的 L3 级别,如华为最近推出高速 L3 商用解决方案)。AI 技术发展还在加速,日新月异是正在发生的现实。当我们认识到 AI 的不同发展阶段,能让我们看清:处于第一级水平的客服、翻译等第一级岗位已进入淘汰倒计时;律师、医生等第二级、第三级水平的职业面临人机协作的重构;而企业家、科学家等第四级及以上领域将获得指数级赋能。AI 不会取代人类,但会用 AI 的人会取代不用 AI 的人。这要求我们每个人一定要拥抱 AI 最新最强工具,重视人机协作能力,今后要站上 AI 第三级以上的阶梯。

2. 人工智能发展趋势

今后人工智能的发展至少有以下 9 个趋势。

(1) AI 推理:从基础研究到实际应用的跨越。

推理能力一直是人类智能的重要特征。在 AI 系统中,透明、可验证的推理同样至关重要。DeepSeek-R1 等产品的推理能力在推理方面取得了显著进展。但这些模型的推理结果目前还缺乏严格的正确性保证,尤其是在自主运行的 AI 系统中。这一问题亟待解决,成为今后研究和开发的重要方向。

(2) AI 智能体:从自主到协作的进化。

AI 智能体和多智能体系统(MAS)经历了从基于规则的自主实体到集成生成式 AI 和 LLM(大语言模型)的协作 AI 框架的演进。早期,多智能体系统的应用主要集中在安全博弈、自动化高频交易和基于主体的建模等领域,但这些应用并未完全实现其最初的愿景。

随着 LLM 的兴起,AgenticAI 的概念应运而生,它将生成式 AI 和 LLM 集成到自主智能体框架中,旨在提升智能体在动态环境中的交互、创造力和实时决策能力,2025 年将成为 AI 智能体应用爆发之年。

然而,目前将 LLM 融入多智能体系统仍面临诸多挑战,如架构复杂性、计算成本高以及 LLM 的通用知识与特定系统需求不匹配等问题。未来的研究需要探索如何更好地整合这些技术,提高多智能体系统的协作效率和适应性。

(3) 具身智能:智能与物理世界的深度融合。

具身智能强调智能是通过物理身体与真实环境的耦合而产生的。与传统的基于文本或视频的学习方式不同,具身智能体能够在真实环境中学习和交互,从而获得更丰富的常识和因果模型。机器人作为具身智能的重要载体,为研究智能的涌现提供了理想的平台。

目前,具身智能的研究主要集中在机器人通过强化学习在模拟和真实世界中进行大量试验,以及如何将大型语言模型(LLM)应用于机器人规划等方面。然而,要实现具有人类水平性能的具身智能代理,仍面临诸多挑战,例如,如何在复杂的现实环境中进行有效的感知和决策,如何利用形式方法证明智能体的安全性和可靠性等。

(4) AI 事实性与可信度:提升 AI 可靠性的关键。

提高 AI 系统的事实性和可信度是当前 AI 研究的重中之重。一个事实性的 AI 系统不会输出错误信息或产生幻觉答案,而可信度则涵盖了人类可理解性、可靠性和人类价值观的融入等更广泛的标准。在生成式 AI 时代,特别是大型语言模型的出现,使得事实性问题变得更加复杂。LLM 采用重构记忆的方式,可能会生成看似合理但实际错误的信息。

为了提高 AI 系统的事实性和可信度,研究人员提出了多种方法,如微调、检索增强生成、机器输出验证以及用简单易懂的模型替代复杂模型等。尽管这些方法取得了一定的进展,但事实性问题仍未得到完全解决。目前,研究人员正在探索如何更有效地利用外部知识源、优化数据质量以及开发更强大的验证机制,以进一步提升 AI 系统的可靠性。

(5) AI 伦理与安全:应对紧迫的社会挑战。

AI 的快速发展带来了一系列伦理和安全挑战,如 AI 驱动的网络犯罪、自主武器的出现以及算法偏见导致的不公平性等。这些挑战不仅关乎个人隐私和安全，还对社会稳定和人类的未来产生深远影响。

然而，要解决这些问题，仍面临诸多挑战。例如，如何在 AI 系统的设计、开发和部署过程中融入伦理和安全考量，如何明确不同利益相关者的责任，以及如何平衡短期伦理关注与长期技术发展的关系等。跨学科的合作和持续的监督对于解决这些问题至关重要，需要计算机科学家、伦理学家、社会科学家和政策制定者共同努力。

（6）AI 助力科学发现：加速科研进程的新引擎。

AI 正在彻底改变科学发现的方式，从知识提取、假设生成到实验自动化和验证，AI 技术为科学研究提供了强大的支持。例如，AlphaFold2 在蛋白质折叠问题上的突破，为生物医学研究带来了革命性的变化，该成果的 3 位主要贡献者获得了 2024 年诺贝尔化学奖。AI 和机器人集成系统能够自动进行化学实验，加速了新材料的发现。

然而，AI 在科学发现中的应用也面临一些挑战，例如，如何与人类科学家进行有效的沟通和协作，如何定义和探索科学问题的假设空间，以及如何处理数据的不准确、噪声和可重复性等问题。未来，需要进一步加强 AI 与科学研究的深度融合，开发更智能的科研工具和平台，以推动科学发现的加速发展。

（7）通用人工智能：追求与争议并存的目标。

通用人工智能（Artificial General Intelligence，AGI）一直是 AI 研究的终极目标，旨在创造具有人类水平智能的机器。尽管 AGI 的定义和实现路径仍存在争议，但它激发了许多 AI 领域的基础研究和创新。

当前，AI 在某些任务上已经取得了令人瞩目的成果，但距离实现真正的 AGI 仍有很长的路要走。目前的 AI 系统在**推理、规划、泛化和持续学习**等方面仍存在明显的不足。未来的研究需要探索新的架构和方法，以突破现有技术的局限，实现 AGI 的目标。同时，还需要认真思考 AGI 可能带来的社会影响和安全挑战，制定相应的伦理和安全规范。

（8）AI 研究的跨领域拓展：融合多方智慧，推动全面发展。

AI 研究不应局限于计算机科学领域，还需要与社会科学、伦理学、政策制定等领域的专家进行合作，以确保 AI 的发展是负责任和符合伦理的。AI 技术的广泛应用正在深刻地改变着社会的各个方面，如劳动力市场、社会治理和文化传统等。因此，需要从多个角度来理解和引导 AI 的发展。

当前，跨领域合作在 AI 研究中已经取得了一些进展，如社会科学家和伦理学家参与制定 AI 发展的准则和规范，AI 技术在医疗、法律等领域的应用也促进了这些领域的创新。未来，需要进一步加强跨领域的合作，建立更加紧密的合作机制，共同应对 AI 发展带来的各种挑战。

（9）AI 的地缘政治影响：机遇与挑战并存。

AI 的发展正在重塑全球地缘政治格局，各国纷纷将 AI 视为提升国家竞争力和战略地位的关键技术。AI 技术在经济、军事和安全等领域的应用，使得各国在 AI 领域的竞争日益激烈。中国人工智能发展已进入全球第一方阵，依托数字基础设施、制造业场景优势及新型举国体制支撑算力资源整合。政策以"发展优先、应用驱动"为核心，重点突破大模型推理效率（如 DeepSeek-V3/R1 的低成本训练技术）。

1.1.3　了解人工智能技术之间的关系

人工智能、机器学习(Machine Learning,ML)和深度学习(Deep Learning,DL)是三个紧密关联但层次不同的概念,它们之间的关系可以形象地表示为逐层包含的嵌套关系。图 1-3 说明了人工智能技术之间的关系。

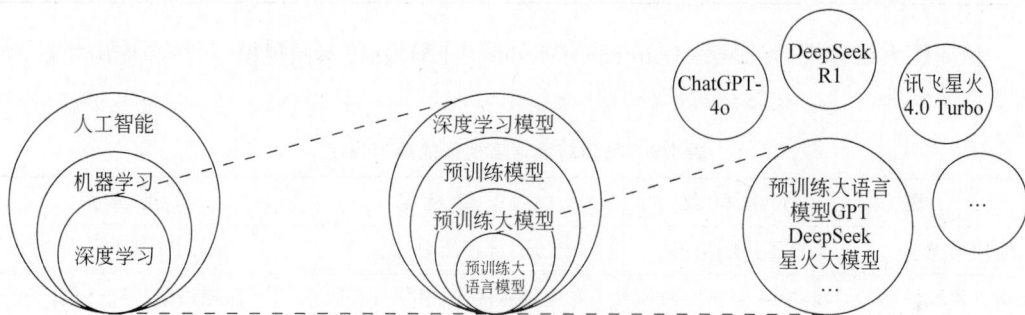

图 1-3　人工智能技术之间的关系

人工智能与机器学习、深度学习的对比如表 1-1 所示。

表 1-1　人工智能技术对比

特　性	人工智能(AI)	机器学习(ML)	深度学习(DL)
目标	模拟人类智能	从数据中自动学习	通过神经网络学习深层特征
依赖数据	不一定	必需数据	必需大量数据
算法复杂度	可简单可复杂	中等复杂度	高度复杂(深层网络)
典型应用	规则系统、机器人	房价预测、推荐系统	图像识别、自然语言处理

深度学习类似于"做菜的方法"(例如炒、蒸、炸)。

深度学习模型类似于"一道具体菜"(如鱼香肉丝,需从头做)。

预训练模型类似于"半成品菜"(如预制咖喱酱,加热即可用)。

预训练大模型类似于"万能调味料"(可做任何菜,但成本高)。

预训练大语言模型类似于"万能调味料的中文特供版"(专攻中文菜谱)。

深度学习到预训练大语言模型概念之间存在层次递进和细化的关系,可以看作是从技术方法到具体应用的逐步扩展,如表 1-2 所示。

表 1-2　人工智能技术的应用实例

概　念	范　围	参数量	典型用途	例　子
深度学习	技术领域	—	方法论基础	CNN、RNN 架构
深度学习模型	具体算法实例	可大可小	解决特定任务	自定义的 LSTM 文本分类模型

续表

概　念	范　围	参数量	典型用途	例　子
预训练模型	预训练＋微调范式	百万至亿级	迁移学习	BERT、ResNet
预训练大模型	超大规模模型	十亿至千亿级	多任务/多模态通用能力	GPT-3、DALL-E
预训练大语言模型	大模型的 NLP 子集	十亿至万亿级	语言理解与生成	ChatGPT、Gemini

预训练大语言模型（Large Language Model，LLM）涵盖不同规模、领域和应用场景，如表 1-3 所示。

表 1-3　预训练大语言模型的典型应用

类　型	示例模型	关　键　特　点	典型应用
通用大模型	GPT-4、LLaMA-3	强生成/推理能力	ChatGPT、AI 助手
垂直领域模型	BioMistral、MGeo	专业领域优化（医学/地理）	医疗诊断、导航搜索
轻量化模型	HARE、OBERT	资源高效，适合边缘计算	聊天机器人、IoT 设备
多模态模型	InternVL3、Gemini	文本＋视觉＋视频联合理解	跨模态问答、内容生成

1.1.4　了解"AI＋"教育典型应用

随着人工智能技术与教育场景的深度融合，AI 正在从"辅助工具"进化为"学习伙伴"，重塑知识获取、能力评估与情感交互的全链条。以下从六大核心应用场景展开，介绍其技术原理和应用案例。

1. 个性化学习助手

个性化学习助手将实现从"一刀切"进化到"一人一策"。下面通过一个案例来讲解个性化学习助手的建立过程。

进入个性化学习助手的主页面，可以选择学习偏好，系统将会提取关键的信息提供更精确的针对性学习建议。

（1）技术实现路径。

① 本地多维度数据采集。

系统自动采集并模拟学生的课堂互动频率、作业完成率、阅读速度等学习行为数据，结合用户自定义的学习风格、难度偏好等信息，动态生成学习画像。

② 知识图谱构建。

将学科知识点拆解为细粒度节点（如数学"函数"细分为定义域、奇偶性等），构建知识点之间的层级与依赖关系，支持节点自定义与进度追踪，帮助学生清晰掌握知识结构与薄弱环节。

③ 个性化推荐与自测。

根据学习画像和知识点掌握情况，推荐适合的学习资源，并自动生成自测题目和学习计划,助力高效学习。

④ AI导师与编程辅助。

AI导师基于学习数据,实时分析学习状态并给出建议。编程学习中可检测常见代码逻辑问题、不同语言之间的转换问题,提升调试效率。

(2) 典型应用案例。

① 错题本与自测生成。

自动记录错题,支持按学科分类管理,结合知识点自测功能,帮助学生有针对性地查漏补缺。

② AI导师与代码分析。

AI导师基于学习数据,实时分析学习状态并给出个性化建议。编程学习中,AI可自动检测代码中的常见逻辑问题(如死循环、边界条件等),并提供调试建议,显著提升初学者的编程能力。

③ 未来演进方向。

- 设置"探索模式":克服过度依赖AI推荐可能导致知识面狭窄的风险。
- 跨学科能力整合:通过知识迁移模型实现数学建模能力向物理实验设计的迁移。
- 终身学习档案:构建去中心化的学习数据档案,支持学生从基础教育到职业培训的全周期能力追踪。

2. 智能学业预警系统

智能学业预警系统将实现从"事后补救"进化到"事前干预"。

(1) 预警模型构建。

- 多源数据融合:整合考勤记录(旷课率)、作业提交(迟交率)、考试分数(波动幅度)、图书馆借阅(专业书籍占比)等多维度数据。
- 动态阈值设定:检测异常数据点,如某学生历史成绩稳定在85分,连续3次测验低于70分即触发预警。
- 风险分层管理:将预警等级划分为红(高风险)、黄(中风险)、蓝(低风险),匹配不同干预策略(如红色预警启动"导师-家长-心理老师"三方会谈)。

(2) 典型案例。

某学院通过智能学业预警系统将课程成绩平均提高10%,识别准确率达89%,干预响应时间更加及时。

对成绩较差学习者实施"AI错题本+微课推送"干预,学期末平均分提升11分。

3. 智能体测

智能体测将实现从"单一指标"进化到"健康画像"。

(1) 评估维度拓展。

- 生理指标:通过3D体态扫描仪获取脊柱侧弯角度、骨盆倾斜度等数据,结合心率变异性(Heart Rate Variability,HRV)分析压力水平。
- 运动能力:使用可穿戴设备监测最大摄氧量、动作完成度(如立定跳远腾空时间),

AI 裁判系统自动判定动作规范性。

- 健康干预：对 BMI（身体质量指数）异常学生生成个性化运动处方（如脂肪肝学生推荐 HIIT 间歇训练），并通过游戏化机制（如步数兑换虚拟勋章）提升依从性。

（2）创新实践案例。

采用智能运动手环实时反馈动作标准度，AI 教练纠正学生游泳划水姿势，使训练效率提升 40%。

中国青少年体质监测平台通过区块链技术实现全国学校体测数据安全共享，生成区域性体质健康白皮书。

（3）前沿技术融合。

- 数字孪生技术：构建学生虚拟身体模型，模拟不同运动方案对体态的影响（如预测脊柱侧弯进展）；基于体测数据生成虚拟人模型，模拟 10 年后体质变化趋势。
- 脑机接口：通过 EEG 信号分析运动疲劳程度，动态调整训练强度。

4. 自适应测评系统

自适应测评系统将实现从"延迟反馈"进化到"即时诊断"。

（1）核心功能模块。

- 智能批改引擎：实现主观题语义分析，如对语文作文从立意深度、逻辑连贯性、修辞手法等 6 个维度打分。
- 错因溯源系统：通过知识图谱追溯错误根源（如数学题错误归因于"因式分解方法不熟"而非"计算错误"）。
- 动态组卷算法：采用遗传算法生成个性化试卷，确保每份试卷难度梯度、知识点覆盖率、题型比例的最优组合。

（2）应用案例。

某学校自适应测评系统使后进生进步率提升 35%，尖子生知识拓展效率提高 2 倍。

5. 情感分析与支持

情感分析与支持将实现从"情绪忽视"进化到"心灵陪伴"。

（1）技术方法。

- 语音分析：提取语调、语速、停顿等特征，识别抑郁倾向（如语速下降 30% 且停顿延长）。
- 面部识别：捕捉微表情（如 0.2 秒的嘴角下撇），判断真实情绪。
- 文本挖掘：分析作文、作业、报告中的情感极性（如过度使用"永远""绝对"等绝对化词汇可能暗示焦虑）。
- 认知行为疗法：AI 导师通过苏格拉底式提问引导学生重构负面思维（"这次考试失利说明我需要改进学习方法，而非否定自我"）。
- 正念训练：结合生物反馈设备（如 HRV 呼吸监测仪）指导学生进行腹式呼吸，10 分钟训练使焦虑水平降低 27%。

（2）应用成果。

- Woebot 心理机器人：临床验证显示，8 周干预后青少年抑郁症状减轻率达 34％，与线下咨询效果相当。
- 中国"心灵伙伴"系统：在 300 所中小学部署，识别高危学生 237 人，干预成功率 89％。

（3）伦理安全框架。

- 情感数据脱敏：对语音/视频数据添加噪声，确保个体不可识别。
- 紧急响应机制：当检测到某个学生有自杀倾向时，系统自动触发"班主任-心理老师-家长"三级预警，响应时间＜15 分钟。

6. VR/AR＋AI 教育

VR/AR[①]＋AI 教育将实现从"平面学习"进化到"具身认知"。

（1）沉浸式学习场景。

- 化学实验室：通过 HTCVivePro 模拟分子碰撞过程，AI 导师实时纠正操作失误（如试管倾斜角度错误）。
- 物理仿真：在 Unity 引擎中构建自由落体场景，学生可调整重力系数观察物体运动轨迹变化。
- 长征虚拟行军：通过体感设备模拟雪山行军，AI 根据学生心率调整环境恶劣程度。

（2）认知强化机制。

- 空间记忆训练：在 VR 场景中设置记忆锚点（如古建筑特征），通过空间复现测试提升记忆保持率至传统方式的 2.3 倍。
- 多感官协同：结合气味发生器（如模拟战场硝烟味）和触觉反馈手套，使历史事件记忆留存时间延长 40％。

AI 正在重塑教育的时空边界，其终极价值不在于替代人类教师，而在于释放每个学习者的潜能，让教育回归"因材施教"的本质。AI 赋能教育教学，教育者要为 AI 赋魂。要警惕"技术中心主义"，守护人性之光。确保 AI 始终服务于"全人教育"目标。构建"人机协作"新范式，教师角色从知识传授者转向学习设计师、灵魂工程师。

1.1.5　项目知识链接

机器学习是一门多领域交叉学科，涉及概率论、统计学、逼近论、凸分析、算法复杂度理论等多门学科。专门研究计算机怎样模拟或实现人类的学习行为，以获取新的知识或技能，重新组织已有的知识结构使之不断改善自身的性能。

深度学习（Deep Learning）特指基于深层神经网络模型和方法的机器学习。它是在统计机器学习、人工神经网络等算法模型基础上，结合当代大数据和大算力的发展而发展出来的。深度学习最重要的技术特点是具有自动提取特征的能力，所提取的特征也称为深度特

---

① 　VR（Virtual Reality）即虚拟现实。AR（Augmented Reality）即增强现实。

征或深度特征表示,相比于人工设计的特征,深度特征的表示能力更强、更稳健。因此,深度学习的本质是特征表征学习。深层神经网络是深度学习能够自动提取特征的模型基础,深层神经网络本质上是一系列非线性变换的嵌套。目前看来,深度学习是解决强人工智能这一重大科技问题的最具潜力的技术途径,也是当前计算机、大数据科学和人工智能领域的研究热点。深度学习是一个跨学科的技术领域,涉及数据科学、统计学、工程科学、人工智能和神经生物学,是机器学习的一个重要分支。

人工神经网络(Artificial Neural Network,ANN)是 20 世纪 80 年代以来人工智能领域兴起的研究热点。它从信息处理角度对人脑神经元网络进行抽象,建立某种简单模型,按不同的连接方式组成不同的网络。在工程与学术界也常直接简称为神经网络或类神经网络。神经网络是一种运算模型,由大量的节点(或称神经元)相互连接构成。每个节点代表一种特定的输出函数,称为激励函数(activation function)。每两个节点间的连接都代表一个对于通过该连接信号的加权值,称为权重,这相当于人工神经网络的记忆。网络的输出则依网络的连接方式、权重值和激励函数的不同而不同。而网络自身通常都是对自然界某种算法或者函数的逼近,也可能是对一种逻辑策略的表达。

思考与讨论

在 AI 时代,如何设计个性化学习方案,兼顾学生个性化发展与知识体系完整性?

AI 参与教学后,教师角色将如何转变,需具备哪些新能力素养?

项目 1.2　算法基础

在当今数字化时代,人工智能技术正以前所未有的速度改变着我们的世界,而算法作为人工智能的核心驱动力,其重要性不言而喻。从图像识别到自然语言处理,从数据分析到智能决策,各类算法在不同领域发挥着关键作用,为解决复杂问题提供了强大支持。

在众多算法中,卷积神经网络(CNN)、图神经网络(GNN)、循环神经网络(RNN)、生成对抗网络(GAN)、强化学习网络(DQN)、深度置信网络(DBN)以及长短期记忆网络(LSTM)等尤为引人注目。它们各自具有独特结构与优势,针对不同类型数据和任务展现出卓越性能。例如,CNN 在图像处理领域凭借其卷积层和池化层结构,能够高效提取图像特征,实现精准识别与分类;GNN 则专注于图结构数据,通过节点间信息传递与更新,有效处理社交网络、知识图谱等复杂关系数据;RNN 及其变体 LSTM 在处理序列数据方面表现出色,可捕捉序列中的时间依赖性,广泛应用于自然语言处理和时间序列预测;GAN 通过生成器与判别器的对抗训练,生成高质量数据,为图像生成、数据增强等任务提供新思路;DQN 在强化学习领域,使智能体能够在复杂环境中学习最优策略,推动机器人控制、游戏等领域发展;DBN 则基于概率图模型,为深度学习提供另一种架构选择,适用于特征提取和数据建模。表 1-4 对上述算法进行了比较。

表 1-4　算法比较

算 法 类 型	适用数据特征	典型应用案例
CNN	网格结构数据(图像/视频)	医学影像分割
GNN	图结构数据(节点/边)	社交网络影响力预测
RNN	时序数据(语音/文本)	股票价格预测
GAN	数据分布建模	虚拟人脸生成
DQN	环境状态-动作序列	机器人路径规划
DBN	高维特征分层表示	用户画像构建
LSTM	长序列依赖关系	机器翻译系统

项目学习目标

本项目将围绕卷积神经网络(CNN)这一经典算法展开系统性探究。具体包括 CNN 的生物学启发与数学基础、多层架构的协同工作机制、参数优化的数学原理、正则化方法的工程实践等。通过 MNIST 手写数字识别这一经典案例,将带领读者完整经历从理论推导到代码实现的全过程,深入理解卷积核参数共享、局部感受野、空间下采样等核心概念的实际意义。

完成项目学习,须能回答以下问题。

- CNN 共有哪些层,每一层的任务是什么,如何实现?
- 本案例 CNN 一定能够准确地识别数字 7 吗? 如果不能准确识别,其原因是什么? 可以用什么方法达到准确识别呢?
- CNN 一定能够准确地识别数字 0~9 吗? 如果不能准确识别,其原因是什么? 可以用什么方法达到准确识别?
- 在本章完全学习后须清楚卷积神经网络(CNN)、图神经网络(GNN)、循环神经网络(RNN)、生成对抗网络(GAN)、强化学习网络(DQN)、深度置信网络(DBN)以及长短期记忆网络(LSTM)这 7 类算法主要用于处理什么类型的数据,能够举例说明。

1.2.1　卷积神经网络介绍

LeCun 最早提出了卷积神经网络(Convolutional Neural Network,CNN)的概念。CNN 是一种深度学习模型,它通过卷积层、池化层和全连接层等组件,实现对图像的特征提取和分类。专门设计用于处理具有类似网格结构的数据,如图像(二维网格)和声音波形(一维网格)。卷积神经网络结构图如图 1-4 所示。

卷积神经网络的核心在于其多层的结构,这些层包括输入层、卷积层、池化层、全连接层和输出层,每一层都承担着特定的数据处理功能。

输入层　　　卷积层　　　池化层　　　全连接层　输出层

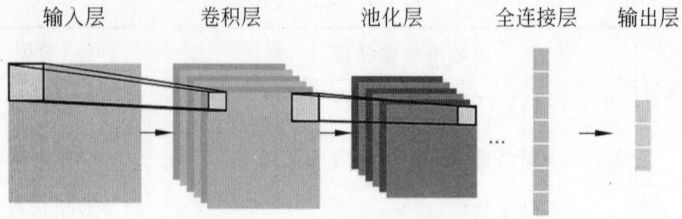

图 1-4　卷积神经网络结构图

（1）输入层。

输入层的主要任务是接收原始的输入数据并将其送入神经网络。输入层的原始输入数据通常是经过预处理的图像像素值矩阵，这些数据通过尺寸调整、归一化、去均值等步骤产生，以确保符合网络后续层的处理要求。例如，在图像处理任务中，输入层会接收一个二维或三维的矩阵，如果是二维的矩阵，则呈现出的是黑白图像，如图 1-5 所示（把 0 设置成黑色，1 设置成白色）；如果是三维的矩阵，包含红、绿、蓝三个颜色通道值的矩阵，则呈现出的是 RGB 彩色图像。例子中的彩色图像 RGB 分量数据图如图 1-6 所示。

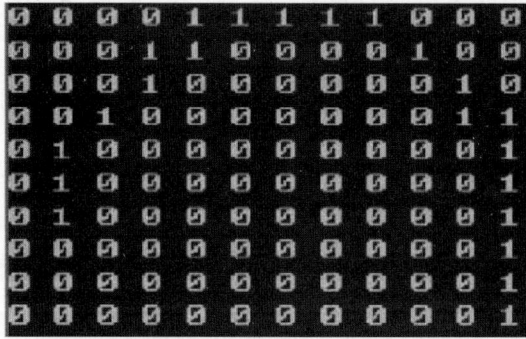

图 1-5　二维矩阵的黑白图像

彩色图像RGB分量数据

图 1-6　彩色图像的 RGB 分量数据图

（2）卷积层（convolutional layer）。

卷积层主要负责通过卷积操作从输入数据中提取局部特征。输入数据通常是经过预处理的图像像素值矩阵，通过使用卷积核（也称为滤波器）在输入数据上滑动计算，提取局部特征，如图1-7所示。每个卷积核都会生成一个特征图（Feature Map），其数量决定了能提取多少不同类型的特征。

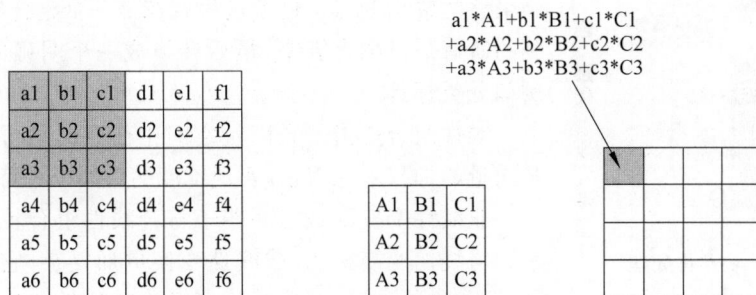

$$a1*A1+b1*B1+c1*C1$$
$$+a2*A2+b2*B2+c2*C2$$
$$+a3*A3+b3*B3+c3*C3$$

图 1-7　卷积计算过程

（3）池化层（pooling layer）。

池化层的主要任务是减少卷积层输出的特征图尺寸和参数数量，同时保留最重要的特征信息。

池化层的输入是来自上一层（通常是卷积层）的一组特征图。输出是经过降维处理后的特征图，这些特征图具有更小的尺寸和更少的参数，但保留了输入特征图的主要特征信息。

池化操作通常涉及应用一个预定义的窗口（如2×2），最大池化过程如图1-8所示，该窗口按照指定的步幅在输入特征图上滑动。对于每个窗口，池化操作从中提取一个值，这个值根据所采用的池化类型（最大池化或平均池化）而变化。最大池化选择窗口中的最大值，而平均池化则计算窗口中的平均值。

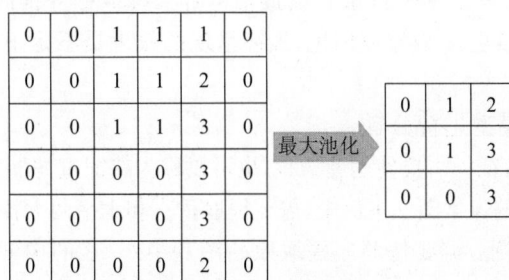

图 1-8　最大池化过程

最大池化和平均池化是池化操作的两种常见形式。最大池化通过选取局部区域内的最大值来代表该区域，它强调突出区域中最显著的特征；而平均池化则通过计算局部区域内的平均值来代表该区域，它更加平滑地抽象区域特征。这两种池化方法的选择取决于特定的应用需求和实验结果。

（4）全连接层（fully connected layer）

池化后的数据进行扁平化处理，使两个3×3的像素图叠加转化成1维的数据"条"，数据条录入后面的"全连接隐藏层",如图 1-9 所示。全连接层在多个卷积、池化和扁平化层（例如输入数据是三维的矩阵，包含红、绿、蓝三个颜色通道值的矩阵）之后，最终产生输出结果，并在神经网络的末端输出预测结果。在卷积神经网络中，全连接层通过将前面层提取到的高级特征进行线性组合和非线性变换，实现特征映射到最终的输出变量。这个过程就像是一个整合器，把网络学到的所有信息融合起来，最后转换成一个明确的输出结果，例如分类标签。

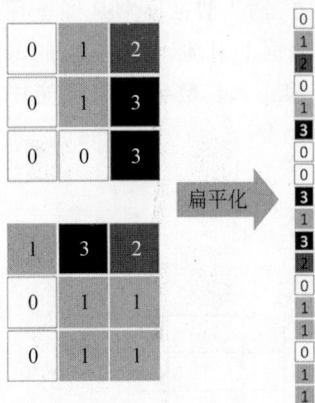

图 1-9   扁平化处理

线性组合是指一个向量空间中任意向量可以通过一些基向量的加权求和表示，实现维度的转换或者特征的提取。

非线性变换则是指那些不符合线性组合特性的函数关系。与线性变换相比，非线性变换更加复杂，它们通常涉及高次项、指数、对数等非线性函数。非线性变换则通过复杂的函数关系揭示数据之间更深层次的模式和结构。

（5）输出层。

输出层通常位于全连接层之后，它的主要功能是将神经网络的最后一层神经元的输出值转换为目标变量的预测结果。

此外，为了提升卷积神经网络的性能，网络训练中会采用梯度下降法等优化技术来最小化损失函数。这个过程中，网络通过迭代学习逐渐调节权重参数，找到能够最小化预测误差的最优参数组合。

梯度下降法是一种迭代优化算法，用于寻找目标函数（如损失函数）的局部最小值。它通过计算目标函数相对于模型参数的梯度，并沿着负梯度方向更新参数，逐步减小损失函数的值，直至达到最小值或满足停止条件。在机器学习和深度学习中，梯度下降法是训练模型最常用的优化方法，通过调整网络权重和偏置来拟合训练数据并提高模型性能。

当我们把 0 设置成黑色，1 设置成白色，最终呈现的效果是不是很像数字 7 呢？如图 1-10 所示。

下面对这个 CNN 模型进行分解。

第一步为提取图片特征。需要使用卷积核，也可以称为特征过滤器，提取图片特征。通常这个卷积核会是一个 3×3 的像素图。本例中，需要提取垂直和水平两大特征，如图 1-11 所示。

提取特征的计算规则：需要按顺序提取原始图片中 3×3 的像素区域，再将其每个像素单元依次和卷积核内相对应的像素值相乘再求和，然后把结果记录在新的 4×4 像素图上，就会得到一个 4×4 的特征图。

本案例 CNN 一定能够准确地识别数字 7 吗？如果不能准确识别原因是什么？可以用什么方法实现准确识别呢？

可以根据像素值的大小设定颜色的深浅，在这个例子中可以看到原始图片中 7 的垂直部分特征被很好地提取出来了，而水平部分特征却没有被提取出来，这是因为在进行特征提取计算的过程中像素图从原来的 6×6 被降维成了 4×4，边缘特征丢失了，因此为了解决边缘特征的提取问题，会使用一种被称为 Padding 的扩充方法，将原始的 6×6 图像先"扩充"

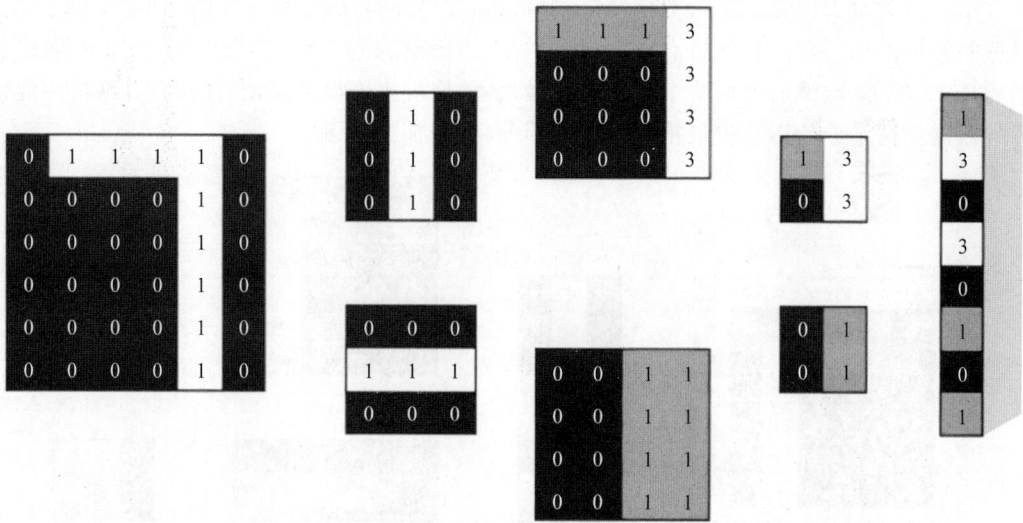

图 1-10 模型分解案例

原始图像   卷积核   特征图   最大池化图   扁平化图

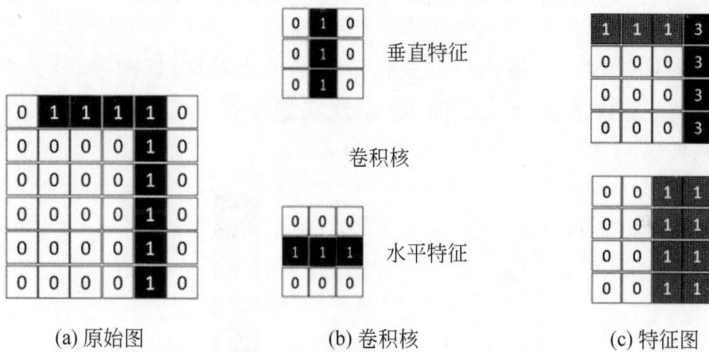

(a) 原始图   (b) 卷积核   (c) 特征图

图 1-11 特征提取流程图

成 8×8,扩充部分的像素值均设置为 0,这样在进行特征提取计算后转化后特征图的像素同为 6×6,这样就能看到垂直特征和水平特征都得到了完美提取,如图 1-12 所示。

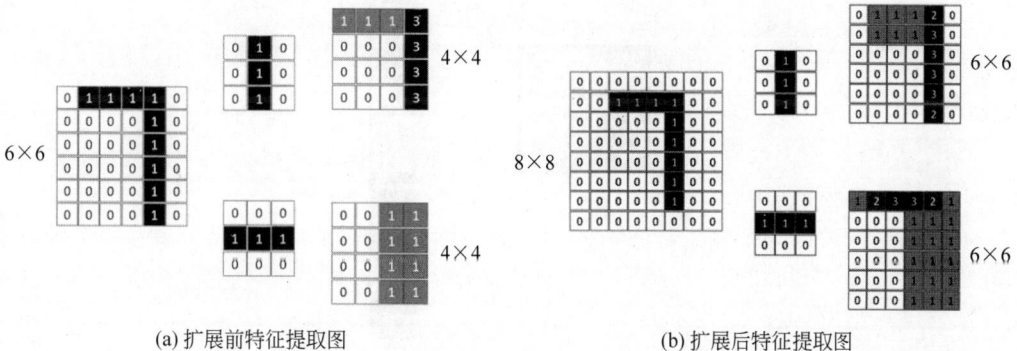

(a) 扩展前特征提取图   (b) 扩展后特征提取图

图 1-12 扩展前后特征提取对比图

第二步为最大池化。最大池化(Max Pooling)过程的目的是将图片的数据进一步压缩,仅反映特征图中"最突出"的特点,以变化后的 7 为例得到的 6×6 特征图用 2×2 的网格分割成 3×3 的部分,然后提取每个部分中的最大值,最后放于最大池化后的 3×3 网格中池化后的数据保留了原始图片中最精华的特征部分,如图 1-13 所示。

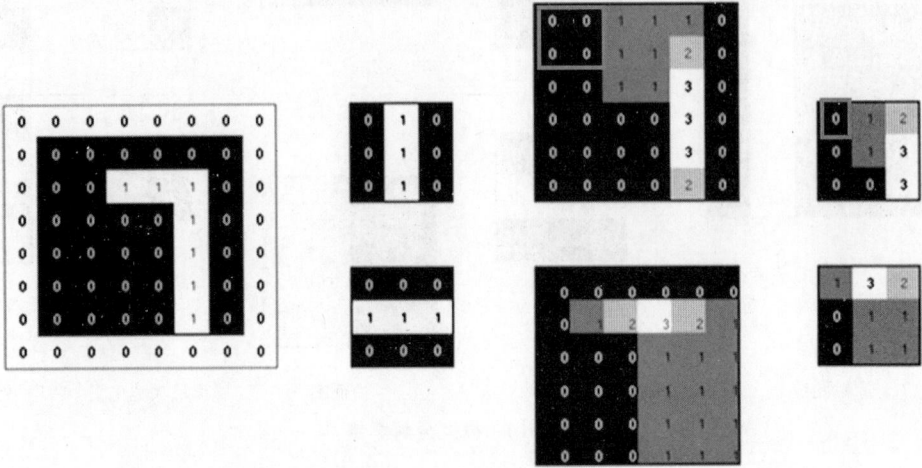

图 1-13　扩展后图像→卷积核→特征图→最大池化

第三步为扁平化处理。把池化后的数据进行扁平化处理,把两个 3×3 的像素图叠加转化成 1 维的数据"条",数据条录入后面的"全连接隐藏层",最终产生输出结果,如图 1-14 所示。

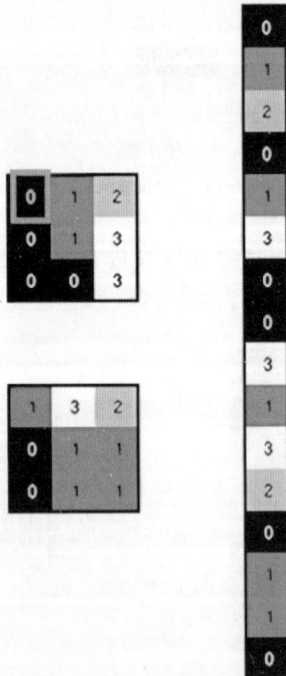

图 1-14　扁平化处理

1.2.2　卷积神经网络典型应用场景

CNN(卷积神经网络)模型在多个领域都有最新的实际应用。CNN 在图像识别、视频分析、语音识别以及自然语言处理等领域取得了显著成效,典型案例见表 1-5。

表 1-5　CNN 典型应用

应　用　领　域	应　用　场　景
医疗影像分析	通过分析 X 光、CT 或 MRI 图像,CNN 可以帮助医生识别异常区域,提高诊断的准确性和效率
自动驾驶系统	使用 CNN 来处理和理解来自车载摄像头的视觉信息,以实现行人检测、道路识别、交通标志识别等功能
视频分析	CNN 在视频分析中用于活动识别、人群计数和视频分类等任务。在安防监控领域,可以使用 CNN 自动检测异常行为或特定事件
面部识别与分析	现代面部识别系统大多基于 CNN,能够从照片或视频中准确识别个人身份,广泛应用于手机解锁、安全监控和社交媒体应用。此外,CNN 还能分析面部表情,用于情感分析和用户体验研究
自然语言处理	CNN 也在文本分类、句子嵌入和语义分析等方面显示了其应用潜力
艺术风格转换	利用 CNN 可以将艺术作品的风格应用到其他图片上,创建具有特定艺术风格的新图像,这一技术在数字艺术和广告设计中得到了应用
无人机图像分析	在无人机拍摄的图像中,CNN 可以用于地形分析、作物健康监测和灾害评估等
工业检测	在制造业中,CNN 可用于产品质量控制,如缺陷检测、尺寸测量等,提高生产效率和产品质量

1.2.3　项目概述

通过 1.2.1 节系统性的理论铺垫,我们已经建立起对卷积神经网络的基础认知框架。本项目将以 MNIST 手写数字识别这一经典课题作为实践载体,通过完整的项目闭环实现从理论到实践的转化,以 MNIST 手写体识别项目为例巩固我们所学的知识。

1. 知识目标

目标 1:剖析 CNN 的卷积-池化-全连接架构,结合 MNIST 数据集,说明其如何逐层抽象图像特征,实现对数字图像的高效识别。

目标 2:通过 MNIST 数据集的训练过程,演示梯度下降的动态优化机制,揭示损失函数曲面上"最优路径搜索"的逻辑,理解模型是如何逐步优化以提高识别准确率的。

2. 能力目标

能够熟练运用 Python 编写并复现卷积神经网络(CNN)的核心代码,深入理解 CNN 在处理 MNIST 手写数字数据集时的工作原理,包括卷积层、池化层以及全连接层的作用与协同机制,通过代码实践加深对 CNN 算法架构和运算流程的掌握。

3. 素养目标

学习卷积神经网络(CNN)的架构与工作原理时,学生需深入掌握从输入数据预处理到卷积层、池化层、全连接层的逐步运算,直至最终输出结果的完整流程。这一过程旨在培养学生严谨的逻辑思维能力,使其能够系统地分析和解决问题。

通过处理 MNIST 手写数字数据集,学生可在数据清洗、归一化、增强等操作中,锻炼并提升对数据的理解、处理以及从大量数据中提取有价值信息的能力,为后续高效开展模型训练与优化工作奠定坚实基础。

4. 知识体系核心脉络

本项目涉及的知识体系如下。

- CNN 基础知识:从卷积神经网络的起源、基本结构(包括输入层、卷积层、池化层、全连接层和输出层)及其各层的功能讲起,深入剖析卷积操作、池化操作、特征提取等核心概念,为理解 CNN 的工作原理奠定基础。
- CNN 应用领域:列举 CNN 在图像识别、视频分析、语音识别、自然语言处理等多个领域的实际应用案例,如医疗影像分析、自动驾驶、面部识别、艺术风格转换等,展示 CNN 强大的应用价值和广泛的应用前景,激发学习者对 CNN 学习的兴趣和动力。
- CNN 实践过程:以 MNIST 手写数字识别和中文手写汉字识别为例,详细讲解使用 TensorFlow 和 PyTorch 等深度学习框架构建 CNN 模型的步骤,包括环境配置、数据预处理、模型定义、训练与评估等环节,让学习者通过实际操作掌握 CNN 的应用方法和技巧。
- 模型复杂度分析与优化:探讨不同复杂度 CNN 模型(如不同层数、不同卷积核数量、不同全连接层大小等)在训练过程中的收敛性、训练效率以及泛化能力等方面的差异,分析模型复杂度对分类性能的影响,并介绍 Batch Normalization、Learning Rate Scheduling、数据增强等优化策略及其在提升模型性能方面的应用,引导学习者学会如何根据实际问题选择合适的模型结构和优化方法。

5. 重点技术解析

本项目涉及的重点技术汇总如下。

- **卷积操作与特征提取**:详细解析卷积核在输入数据上滑动计算的过程,解释如何通过卷积操作提取图像的局部特征,以及不同卷积核如何生成不同的特征图,从而实现对图像中各种模式和结构的检测。同时,讲解卷积操作中的参数(如卷积核大小、步幅、填充等)对特征提取结果的影响,以及如何通过调整这些参数来优化特征提取效果。
- **池化操作与特征降维**:深入讲解最大池化和平均池化两种常见池化方法的工作原理,阐述池化操作如何在保留重要特征信息的同时减少特征图的尺寸和参数数量,从而降低计算复杂度和防止过拟合。对比两种池化方法的特点和适用场景,指导学习者根据具体任务选择合适的池化策略。

- **全连接层与特征映射**：解释全连接层在 CNN 中的作用，即如何将前面卷积层和池化层提取到的高级特征进行线性组合和非线性变换，实现从特征空间到输出空间的映射。讲解全连接层中的权重和偏置参数如何通过训练进行学习和调整，以及如何通过增加全连接层的层数或神经元数量来增强模型的表达能力，但同时也要注意避免模型过于复杂导致的过拟合问题。

- **优化算法与模型训练**：重点介绍梯度下降法及其变体（如随机梯度下降、Adam 优化器等）在 CNN 模型训练中的应用，讲解如何通过计算损失函数相对于模型参数的梯度，并沿着负梯度方向更新参数来最小化损失函数，从而实现模型的优化。分析不同优化算法的特点和适用场景，以及如何选择合适的优化算法和调整学习率等超参数来加速模型的收敛和提高模型的性能。

- **模型复杂度分析与优化策略**：深入分析模型复杂度对 CNN 模型性能的影响，包括参数量、准确率、训练效率等方面。探讨深层模型和浅层模型在特征提取能力、收敛速度、泛化能力等方面的差异，以及如何通过调整模型结构（如层数、卷积核数量、全连接层大小等）来平衡模型的复杂度和性能。详细介绍 Batch Normalization、Learning Rate Scheduling、数据增强等优化策略的原理和实现方法，以及这些策略在缓解模型训练过程中的梯度消失/爆炸问题、加速收敛、提升泛化能力等方面的作用和效果。

6. 学习路径建议

本项目的学习路径建议如下。

- **基础知识学习**：首先系统学习卷积神经网络的基础知识，包括其基本结构、各层的功能、卷积操作和池化操作的原理等，可以通过阅读相关教材、学术论文、在线教程等资料，结合实际案例进行学习和理解，确保对 CNN 的工作原理有清晰的认识。

- **实践操作与代码实现**：在掌握基础知识的基础上，通过实际的代码实现加深对 CNN 的理解和应用能力。可以选择使用 TensorFlow 或 PyTorch 等深度学习框架，按照项目指引中的实验步骤，逐步完成 MNIST 手写数字识别和中文手写汉字识别等实验任务，包括环境配置、数据预处理、模型定义、训练与评估等环节。在实践过程中，注意观察模型的训练过程和性能表现，遇到问题及时查阅资料和寻求帮助，不断积累实践经验。

- **模型复杂度分析与优化探索**：在完成基础实验后，进一步深入研究不同复杂度 CNN 模型的性能差异，通过调整模型结构（如层数、卷积核数量、全连接层大小等）进行实验，观察模型的收敛性、训练效率和泛化能力等方面的变化，分析模型复杂度对分类性能的影响。同时，尝试应用 Batch Normalization、Learning Rate Scheduling、数据增强等优化策略，探索这些策略对模型性能的提升效果，学会根据实际问题选择合适的模型结构和优化方法。

- **拓展学习与应用**：在熟练掌握 CNN 的基本应用和优化方法后，可以进一步拓展学习其他相关领域的知识和技能，如图神经网络（GNN）、循环神经网络（RNN）、生成对抗网络(GAN)等其他深度学习算法,以及它们在不同领域的应用案例。同时,可以尝试将所学的 CNN 知识应用到实际的项目中,解决实际问题,提高自己的综合应用能力和创新能力。

1.2.4　项目实验:用 PyTorch 识别手写数字的探索实验

1. 实验要求

(1) 理解卷积神经网络(CNN)的基本原理及其在图像分类任务中的应用。

(2) 掌握 PyTorch 框架下 CNN 模型的构建、训练与评估方法。

(3) 分析模型复杂度对分类性能的影响(参数量、准确率、训练效率)。

2. 实验步骤

第1步:环境配置。

```
#安装环境(CPU 版足够)
pip install torch torchvision matplotlib
#加载 MNIST 数据(自动下载)
from torchvision import datasets
train_data = datasets.MNIST('./data', download=True)
```

第2步:定义 CNN 模型。

```
import torch.nn as nn
class SimpleCNN(nn.Module):
    def __init__(self):
        super().__init__()
        #第1层:提取边缘等简单特征
        self.conv1 = nn.Conv2d(1, 16, kernel_size=3)
        #第2层:组合成数字笔画特征
        self.conv2 = nn.Conv2d(16, 32, kernel_size=3)
        #输出层:判断是 0~9 哪个数字
        self.fc = nn.Linear(32 * 5 * 5, 10)
    def forward(self, x):
        x = torch.relu(self.conv1(x))        #激活函数:决定特征是否重要
        x = F.max_pool2d(x, 2)               #池化:缩小图片尺寸
        x = torch.relu(self.conv2(x))
        x = x.view(-1, 32 * 5 * 5)           #展平
        return self.fc(x)
```

第3步:训练与可视化。

```
#训练循环(带实时进度条)
for epoch in range(5):                       #5轮就足够观察趋势
    for images, labels in train_loader:
```

```
        outputs = model(images)
        loss = criterion(outputs, labels)
        optimizer.zero_grad()
        loss.backward()                    #反向传播:调整参数
        optimizer.step()
    print(f"Epoch {epoch+1}: 当前准确率 {test_accuracy():.2f}%")
plt.figure(figsize=(10,2))
for i in range(16):
    plt.subplot(2, 8, i+1)
    plt.imshow(model.conv1.weight[i,0].detach(), cmap='gray')
```

运行结果显示如图 1-15 所示。

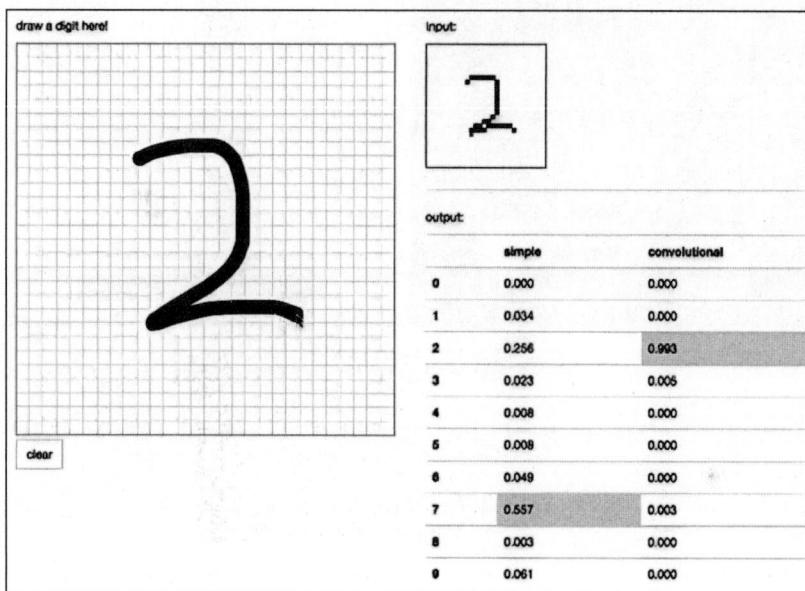

图 1-15　运行结果

表 1-6 列举了常见问题和延伸思考题及其解答。

表 1-6　常见问题解答与延伸思考题

常见问题解答:
为什么我的准确率卡在 90％?
→ 检查是否忘记做数据归一化(transforms.Normalize((0.5,),(0.5,)))
GPU 显存不足怎么办?
→ 降低 batch_size(建议从 64 开始尝试)
报错:RuntimeError:expected scalar type Float but found Byte
→ 解决方案:$images = images.float()$ 或在 transform 中添加 $ToTensor()$
延伸思考题:
为什么简单模型有时表现反而更好?

→ 提示：MNIST 数字结构简单，复杂模型容易"过度学习"
如果识别真实场景的手写数字(如快递单)，需要改进哪些部分？
→ 建议方向：数据增强(倾斜/污渍模拟)、更深的网络

项目原代码可以下载到本地进行实验，具体步骤如下。

(1) 登录 GitHub 官网 https://github.com，进入注册页面，如图 1-16 所示。

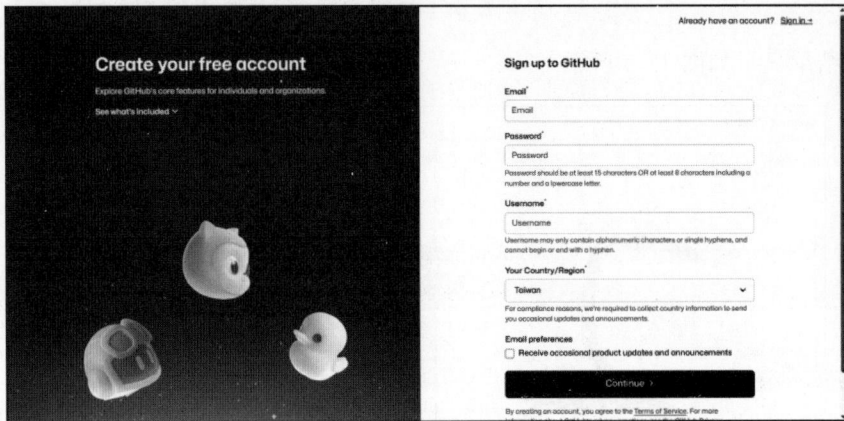

图 1-16　GitHub 官网

(2) 登录后访问源码链接：https://github.com/sugyan/tensorflow-mnist? tab＝readme-ov-file。

单击图 1-17 中右下角的 Download ZIP 下载源码，可以选择用 git 下载或者以压缩包形式下载。

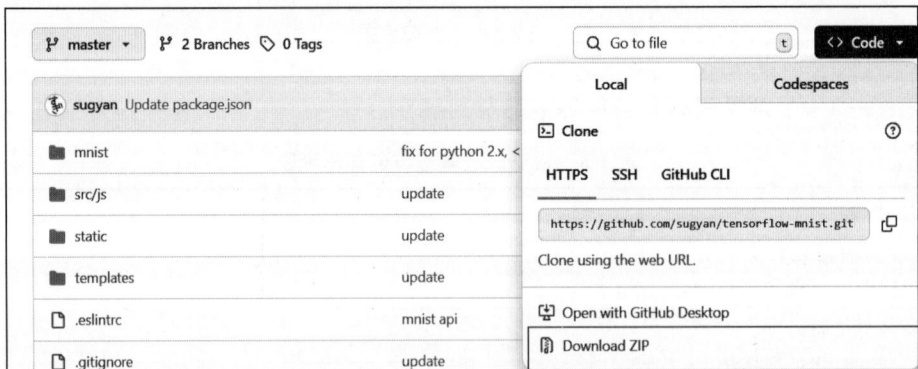

图 1-17　下载源码

1.2.5　项目挑战：基于卷积神经网络的中文手写汉字识别与模型复杂度分析

1. 模型构建任务

使用 TensorFlow 2.0 构建不同复杂度的 CNN 模型（如 build_net_003 vs build_net_002），在 CASIA-HWDB 数据集上完成 3755 类汉字分类任务。

调整模型深度（2 层 vs 4 层）、卷积核数量（32 vs 128）、全连接层大小（无 vs 1024），观察模型收敛性（是否发散）和训练效率。

【显存说明】　基础 CNN 需要 6GB 显存，若显存不足可降低 batch_size＝16 或使用 Mixed Precision Training（FP16）。

2. 性能对比分析

记录不同模型结构的训练准确率、验证准确率、训练时间，绘制损失曲线。可视化混淆矩阵（如 sklearn.metrics.confusion_matrix），观察模型对相似汉字的误分类情况（如"拜-伴""笨-苯"）。

3. 优化挑战

- 尝试缓解策略：Batch Normalization（BN）、Learning Rate Scheduling、数据增强（旋转/平移）。
- 低显存方案：使用梯度累积（Gradient Accumulation）或模型并行（如 tf.distribute.MirroredStrategy）。
- 讨论优化效果：是否提升泛化能力？是否缓解训练发散？

4. 实验报告

实验报告要包含模型结构对比图、准确率/损失曲线、混淆矩阵热力图、优化方法分析。

延伸思考：CNN 深度与汉字识别任务的关系（简单模型为何优于复杂模型？）。

5. 实验步骤

第 1 步：环境配置。

```
pip install tensorflow==2.12 matplotlib sklearn opencv-python
#下载数据集(CASIA-HWDB 1.0-1.1)
cd dataset && ./get_hwdb_1.0_1.1.sh
```

第 2 步：基准模型训练。

```
#2层CNN基准测试(build_nct_003)
model = build_net_003(input_shape=(64, 64, 1), n_classes=3755)
history = model.fit(train_dataset, validation_data=val_ds, epochs=50)
#记录初始准确率(如训练集87%、测试集40%)
```

第 3 步：参数调优。实验调整以下参数，生成多组文本并对比，如表 1-7 所示。

表 1-7　多组文本对比

参 数 组	设 置 示 例	现 象 描 述
浅层模型（2 层）	filters＝32，no FC	快速收敛，但测试集准确率低
深层模型（4 层）	filters＝128，FC＝1024	可能发散或训练缓慢
＋BatchNorm	layers.BatchNormalization()	稳定训练，加速收敛化
＋数据增强	tf.keras.layers.RandomRotation	提升泛化能力，减少过拟合

第 4 步：优化策略对比。

```
#尝试学习率调度
optimizer = tf.keras.optimizers.Adam(learning_rate=1e-3)
lr_scheduler = tf.keras.callbacks.ReduceLROnPlateau(monitor = 'val_loss',
factor=0.5, patience=3)
#尝试数据增强
data_augmentation = tf.keras.Sequential([
    layers.RandomRotation(0.1),
    layers.RandomZoom(0.1),
])
```

第 5 步：撰写报告。

实验报告应包含以下 3 项内容。

（1）核心图表：

* 模型结构对比图（build_net_003 vs build_net_002）；
* 训练/验证准确率曲线（浅层 vs 深层）；
* 混淆矩阵热力图（高频误分类汉字）。

（2）核心结论：

* 深层 CNN 在汉字识别任务中的发散原因（梯度消失/爆炸）；
* Batch Normalization 和数据增强对模型泛化的提升效果。

（3）运行结果，如图 1-18 和图 1-19 所示。

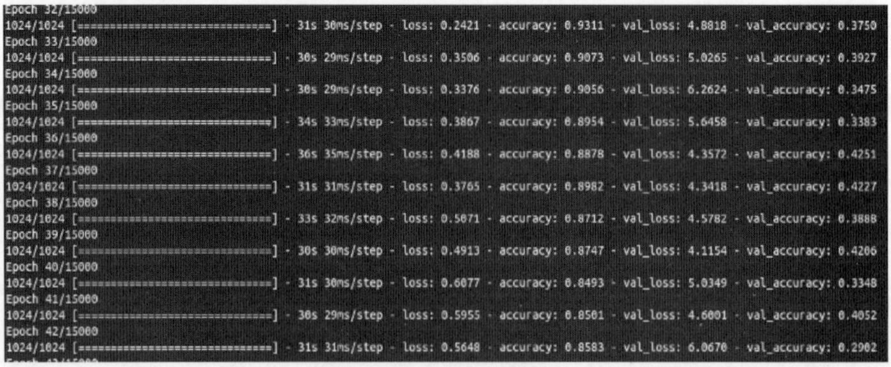

图 1-18　运行结果 1

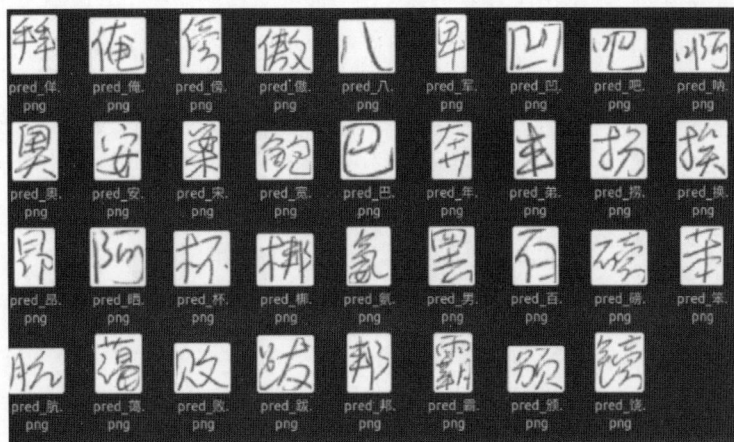

图 1-19　运行结果 2

项目代码参考自 https://github.com/jjcheer/ocrcn_tf2。

1.2.6　项目思考与讨论

题目 1：在 MNIST 手写数字识别任务中，当标注数据不足时，半监督学习如何利用无监督的 PCA 降维结果增强 CNN 的分类性能？请设计一个结合 K-Means 聚类伪标签与卷积神经网络的混合训练方案。

题目 2：对比霍普菲尔德网络与现代 CNN 处理图像数据的本质差异，为什么说反向传播算法是打破早期神经网络发展瓶颈的关键？从优化目标函数的角度分析二者在记忆容量和特征提取能力上的根本区别。

题目 3：当 CNN 模型在医疗影像识别中出现种族偏见时，除了调整训练数据分布，如何通过损失函数改造和模型架构优化来提升算法公平性？请结合梯度下降过程解释正则化项对偏见缓解的作用机制。

题目 4：在构建实时手写识别系统时，CNN 的卷积层深度与推理速度存在天然矛盾。请从生物视觉皮层获得灵感，提出三种借鉴人类快速视觉认知特性的轻量化模型改进方案，并讨论如何量化评估这些方案的效能提升。

1.2.7　项目知识链接

AI 大模型是现代科技发展的核心，AI 大模型涵盖了一系列算法，如卷积神经网络（CNN）、图神经网络（GNN）、循环神经网络（RNN）、生成对抗网络（GAN）、强化学习网络（DQN）、深度置信网络（DBN）、长短期记忆网络（LSTM）等。

图神经网络（Graph Neural Network，GNN）是一种专门用于处理图结构数据的深度学习模型，如图 1-20 所示。它通过迭代地聚合邻居节点的信息来学习图中节点或边的表征，能够有效捕捉图数据中的拓扑关系和依赖结构。GNN 的核心思想是通过消息传递机制实现节点间的信息交互,广泛应用于社交网络分析、推荐系统、化学分子预测等领域。相比于传统神经网络,GNN 的优势在于能够直接处理非欧几里得空间的关系型数据。

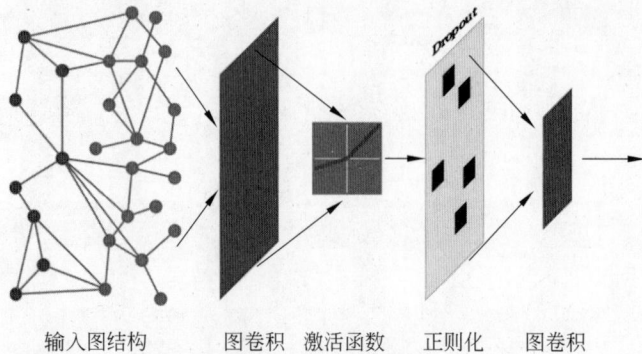

图 1-20　GNN 结构图

　　循环神经网络(Recurrent Neural Network,RNN)是一类具有短期记忆能力的神经网络,专门用于处理序列数据。其核心结构通过隐藏状态的循环连接实现对历史信息的记忆,每个时间步的输出不仅取决于当前输入,还取决于之前所有时间步的隐含状态,如图 1-21 所示。RNN 在自然语言处理、语音识别、时间序列预测等领域表现出色,但存在梯度消失/爆炸问题。其变体,如双向 RNN 可以同时捕捉前后文信息,是序列建模的基础架构之一。

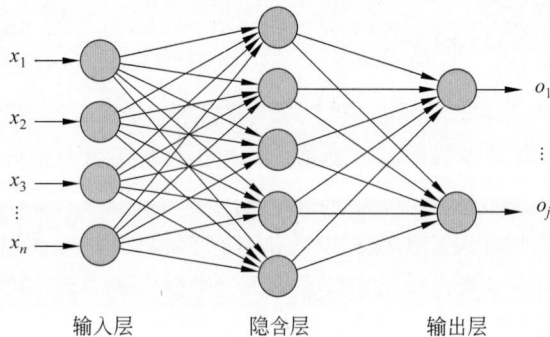

图 1-21　RNN 结构图

　　生成对抗网络(Generative Adversarial Network,GAN)由生成器和判别器两个神经网络通过对抗训练构成创新性深度学习框架,如图 1-22 所示。生成器试图生成逼真的假数据欺骗判别器,而判别器则努力区分真实数据和生成数据,二者在博弈过程中共同提升。GAN能够学习数据分布并生成高质量新样本,在图像生成、风格迁移、数据增强等领域取得突破。GAN 被广泛应用于图像生成、语音合成、自然语言处理等领域,能够生成具有高度真实性的虚拟数据,对于数据增强、半监督学习等任务具有重要意义。其核心价值在于无监督学习能力和创造性生成特性,但训练过程存在模式崩溃等挑战。

　　强化学习网络(Deep QNetwork,DQN)的概念最早由 DeepMind 团队于 2013 年提出。DQN 是一种结合了深度学习和强化学习的技术,如图 1-23 所示。它使用深度神经网络逼近 Q 值函数,从而实现对复杂环境下的高维状态空间进行学习。DQN 通过引入经验回放

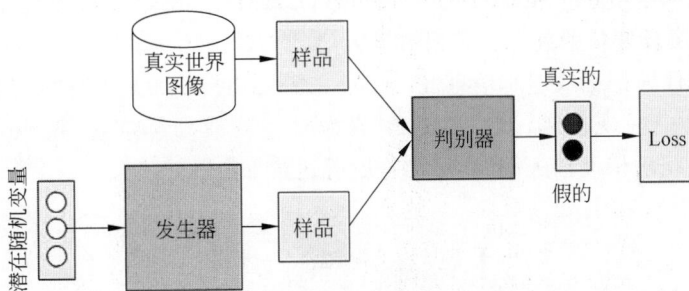

图 1-22　生成对抗网络结构图

机制和固定的目标 Q 网络来稳定训练过程,有效解决了传统强化学习中的一些问题,如维度灾难、样本相关性和目标变化等。在许多复杂的决策任务中,DQN 已经取得了令人瞩目的成果,如玩电子游戏、机器人控制等。

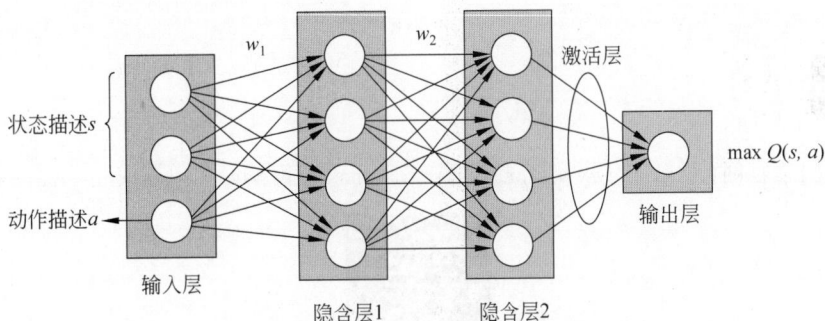

图 1-23　强化学习网络结构图

深度信念网络(Deep Belief Network,DBN)是由多层受限玻尔兹曼机堆叠组成的概率生成模型,如图 1-24 所示。它采用逐层无监督预训练和全局有监督微调的两阶段学习策略,解决了深层网络训练困难的问题。DBN 能够有效学习数据的层次化概率分布表示,在特征提取、降维和分类任务中表现优异。作为早期深度学习模型之一,DBN 的创新训练方法为后续深度学习发展提供了重要启示,但其计算复杂度较高。

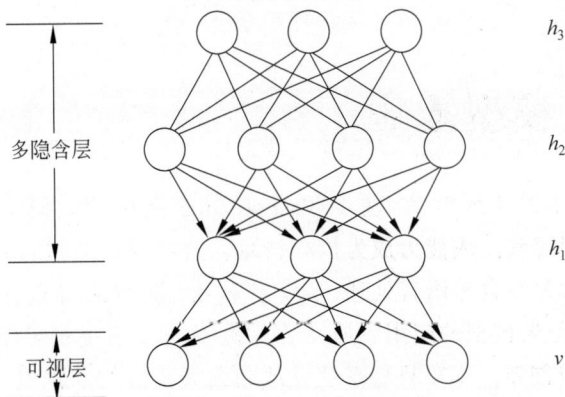

图 1-24　DBN 网络结构图

长短期记忆网络（**Long Short-Term Memory，LSTM**）是 RNN 的特殊变体，通过精心设计的门控机制解决长期依赖问题。它包含输入门、遗忘门和输出门三个控制单元（如图 1-25 所示），可以选择性地记忆或遗忘信息。LSTM 在需要捕捉长距离时序依赖的任务（如机器翻译、语音识别）中表现卓越，其门控机制成为时序建模的标准组件。相比标准 RNN，LSTM 能够有效缓解梯度消失问题，记忆跨度可达数百个时间步。

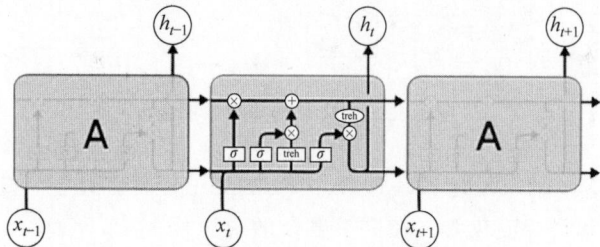

图 1-25　LSTM 结构图

数字化学习

- 数据集官网：http://www.nlpr.ia.ac.cn/databases/handwriting/Offline_database.html。

- 扩展阅读。TensorFlow 官方模型优化指南：https://www.tensorflow.org/model_optimization。

项目1.3　大模型基础

随着人工智能技术的不断发展，基于 Transformer 架构的大模型（如 GPT、DeepSeek 等）凭借强大的语言理解和生成能力成为核心技术。这些模型通过自注意力机制和海量参数实现复杂任务处理，并在自然语言处理、多模态学习等领域取得突破。与此同时，大模型部署技术的成熟也使得大模型的应用更加灵活高效，为开发者提供了便捷的工具，进一步推动了 AI 技术的普及与创新。本项目将系统性地介绍大模型的基本概念、发展历程、基本原理及部署，为读者构建理解大模型的基础认知框架。

项目学习目标

本项目聚焦于人工智能大模型,尤其是 Transformer 模型,旨在培养学生从理论到实践的全方位能力。学生将通过探究 Transformer 模型的架构与原理,掌握在自然语言处理等领域的应用技巧。通过实验活动的学习,掌握本地大模型部署的具体操作。

完成项目学习后,须能回答以下问题。

- 大模型如何理解和生成自然语言?
- 大模型如何进行图像识别和理解?
- 如何在本地部署或离线部署大模型?

1.3.1　大模型发展历程

大模型通常指的是大规模的人工智能模型,是一种基于深度学习技术,具有海量参数、强大的学习能力和泛化能力,能够处理和生成多种类型数据的人工智能模型。大模型的发展经过了 4 个时期,如图 1-26 所示。

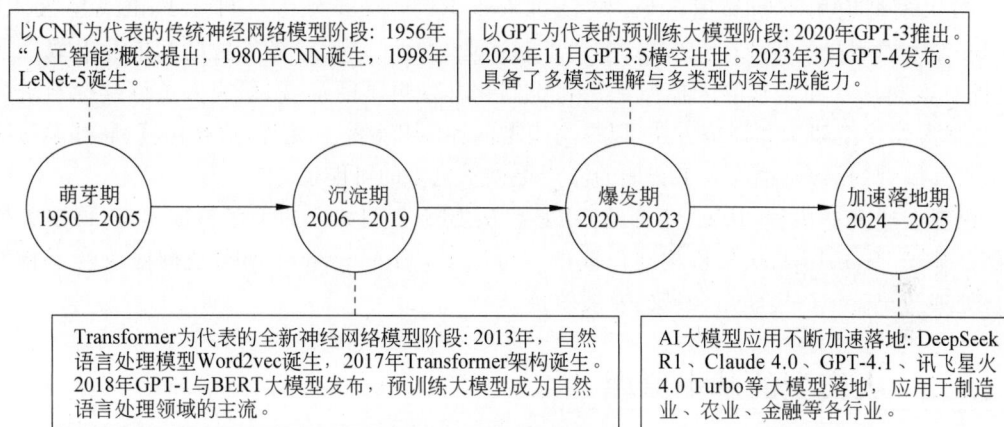

以CNN为代表的传统神经网络模型阶段:1956年"人工智能"概念提出,1980年CNN诞生,1998年LeNet-5诞生。

以GPT为代表的预训练大模型阶段:2020年GPT-3推出。2022年11月GPT3.5横空出世。2023年3月GPT-4发布。具备了多模态理解与多类型内容生成能力。

萌芽期 1950—2005　　沉淀期 2006—2019　　爆发期 2020—2023　　加速落地期 2024—2025

Transformer为代表的全新神经网络模型阶段:2013年,自然语言处理模型Word2vec诞生,2017年Transformer架构诞生。2018年GPT-1与BERT大模型发布,预训练大模型成为自然语言处理领域的主流。

AI大模型应用不断加速落地:DeepSeek R1、Claude 4.0、GPT-4.1、讯飞星火 4.0 Turbo等大模型落地,应用于制造业、农业、金融等各行业。

图 1-26　大模型发展历程

1. 萌芽期(1950—2005 年)

1950 年,图灵提出图灵测试,为人工智能的发展奠定了理论基础。这一时期,科学家开始探索用机器模拟人类智能的可能性,主要基于符号主义和逻辑推理的方法。1956 年,"人工智能"概念正式提出,标志着人工智能学科的诞生。随后,一些简单的神经网络模型开始出现,如 1980 年 CNN(卷积神经网络)诞生,1998 年 LeNet-5 诞生,主要用于图像识别等任务。但受限于当时的计算能力和数据量,这些模型的应用范围和效果相对有限。

2. 沉淀期(2006—2019 年)

2006 年,Hinton 提出深度置信网络,开启了深度学习的时代。这一时期,研究人员开始探索更深的神经网络架构,并利用 GPU 等计算资源加速训练过程。2013 年,自然语言处理模型 Word2vec 诞生,为语言处理任务提供了更有效的词向量表示方法。2017 年 Transformer 架构诞生,引发了自然语言处理领域的重大变革。2018 年 GPT-1 与 BERT 大模型发布,预训练大模型成为自然语言处理领域的主流,推动了自然语言处理技术的快速发展。

3. 爆发期(2020—2023 年)

以 GPT 为代表的预训练大模型不断迭代升级。2020 年 GPT-3 推出,2022 年 11 月 GPT-3.5 横空出世,2023 年 3 月 GPT-4 发布,这些模型在规模和性能上都有了巨大提升,具备了多模态理解与多类型内容生成能力。大模型在众多领域得到广泛应用,如智能客服、文本生成、机器翻译、智能写作等,为各行业带来了新的机遇和变革,推动了人工智能与各行业的深度融合。围绕大模型的技术研发、应用开发、数据标注、算力支持等产业生态逐渐形成,吸引了大量的企业和资本投入,进一步加速了人工智能的发展。

4. 加速落地期(2024—2025 年)

AI 大模型应用不断加速落地,如 DeepSeek R1、Claude 4.0、GPT-4.1、讯飞星火 4.0 Turbo 等大模型在各行业广泛应用,推动了制造业、农业、金融等各行业的智能化升级。同时,针对不同场景和需求的大模型优化和定制化开发也不断涌现,研究人员继续探索更高效、更强大的模型架构和训练方法,以提高模型的性能和效率。此外,边缘计算、联邦学习等技术与大模型的结合,也为人工智能的应用提供了更多的可能性。

纵观上述发展历程,从 GPT-1 到 GPT-4,从 BERT 到如今的千亿参数模型,许多大模型都是基于 Transformer 架构构建而成的。可以说,Transformer 的出现彻底改变了自然语言处理乃至整个深度学习领域的发展轨迹。

1.3.2 大模型的基本原理

本节我们将剖析 Transformer 的核心原理,了解其自注意力机制、编码器-解码器结构等关键技术,从而理解为什么说许多大模型都是基于 Transformer 架构构建而成的。

1. Transformer 模型架构

Transformer 架构由编码器和解码器两大核心组件构成,这两个组件既可以协同工作也能独立运行,Transformer 模型架构如图 1-27 所示。典型的代表,如 BERT 完全基于编码器架构,而 GPT 系列则纯粹采用解码器架构。相较于 BERT 等早期预训练模型,现代大语言模型最显著的特征在于其更长的向量维度和更深的网络层数,这种架构设计使其能够承载数量级的参数量增长。值得注意的是,当前主流的大语言模型普遍选择了解码器架构,但在 Transformer 的基础结构和配置上基本保持了原始设计。

(1)编码器。

· 多层结构:编码器由多个相同层的堆叠构成,每个编码器层包含一个自注意力层和

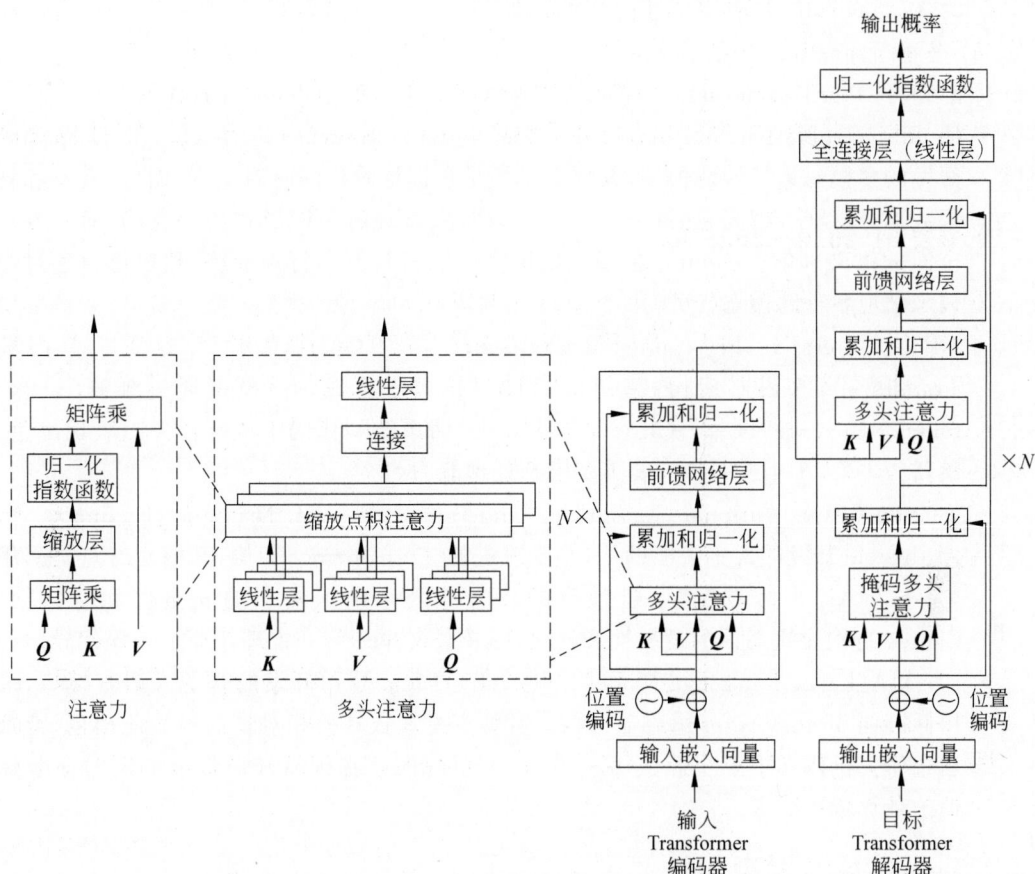

图 1-27　Transformer 模型架构图

一个前馈神经网络。自注意力层帮助模型捕捉输入序列内部的关联,而前馈网络进一步加工这些信息。

- 残差连接与层归一化:编码器的每个子层都使用了残差连接和层归一化。这些技术帮助模型在训练过程中保持稳定,防止梯度消失或爆炸。

(2) 解码器。

- 多层结构:解码器同样由多个相同层的堆叠构成,但比编码器更复杂。每个解码器层包含两个多头注意力层(一个用于编码器解码器注意力,一个用于解码器自注意力)和一个前馈神经网络。
- 掩蔽注意力:解码器中的多头注意力层会使用掩蔽技术,以确保预测当前单词时看不到未来的单词。这对于保持输出的合理性非常关键。

(3) 注意力机制。

- 自注意力:自注意力是 Transformer 的核心,它允许模型在计算一个元素的表示时,同时考虑其他所有元素的信息,这有助于捕获长距离依赖关系。
- 多头注意力:通过将自注意力机制扩展成多个头,模型可以并行地学习不同类型的关系。每个头专注于不同的信息子空间,最后将这些信息整合,多头注意力机制成为 Transformer 最具突破性的技术创新。

（4）基于 Transformer 的著名模型。

目前，基于 Transformer 的著名模型主要有 Gemini、GPT、Claude、LLaMA 等。

- Gemini（Generative Multimodal Encode Network Interface）：由 Google DeepMind 开发的多模态人工智能模型，其核心思想是在训练阶段同时对文本、图像、音频和视频数据进行联合编码，这意味着模型可以跨模态理解不同形式的信息，从而实现更全面的语义理解。Gemini 在超大规模多模态语料上进行预训练，然后可以通过微调来适应各种跨模态任务。

- GPT（Generative Pre-trained Transformer）：由 OpenAI 开发，专注于单向的 Transformer 解码器架构，特别擅长自回归文本生成。该模型通过预测下一个 token 的方式进行训练，使其在文本创作、对话系统和代码生成等任务上表现出色。最新版本 GPT-4 进一步扩展了多模态处理能力。

- Claude（Constitutional Language Understanding and Dialogue Engine）：由 Anthropic 开发的人工智能助手，基于改进的 Transformer 架构，其核心特点是采用"宪法式 AI"训练方法，通过预设的行为准则来确保输出的安全性和有益性。Claude 特别注重对话的逻辑性和连贯性，在长文本理解和推理任务上表现优异。

- LLaMA（Large Language Model Meta AI）：Meta 公司开发的开源大语言模型，采用标准的 Transformer 解码器架构。其特点是参数规模相对精简但性能出色，特别适合研究机构和中小企业使用。LLaMA 系列模型在保持较高性能的同时显著降低了计算资源需求。

2. DeepSeek-R1 模型架构

DeepSeek-R1 通过可扩展性、效率和高性能的强大组合脱颖而出。其架构建立在两个基本支柱：**MoE 框架**和 **Transformer-Based Design** 的设计之上。这种混合模型使模型能够以出色的准确性和速度处理复杂的任务，同时保持成本效益并实现最优秀的回复结果。DeepSeek-R1 架构如图 1-28 所示。

（1）MoE 框架。

MoE 框架允许模型针对给定任务动态地激活最相关的子网络（或"专家"），从而确保有效的资源利用。该架构由分布在这些专家网络中的 6710 亿个参数组成。

（2）Transformer-Based Design。

除了 MoE，DeepSeek-R1 还集成了用于自然语言处理的高级 Transformer 层。这些层结合了稀疏注意机制和有效的标记化等优化，以捕获文本中的上下文关系，从而实现上级理解和响应生成。结合混合注意力机制，动态调整注意力权重分布，以优化短上下文和长上下文场景的性能。

3. 大模型的分类及特点

大模型以输入数据的模态（文本/视觉/混合）和处理能力为划分标准，主要分为三类：语言大模型、视觉大模型、多模态大模型。

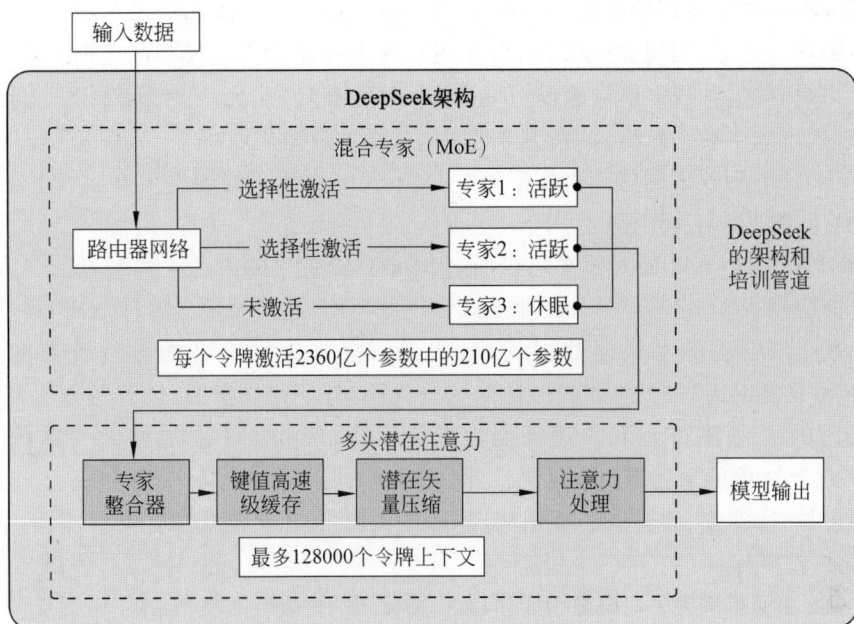

图 1-28　DeepSeek-R1 模型架构图

（1）语言大模型。

语言大模型是在自然语言处理（Natural Language Processing，NLP）领域中的一类大模型，通常用于处理文本数据和理解自然语言。这类大模型的主要特点是它们在大规模语料库上进行了训练，以学习自然语言的各种语法、语义和语境规则。代表性产品包括 GPT（OpenAI）、DeepSeek（深度求索）、讯飞星火（科大讯飞）等。

（2）视觉大模型。

视觉大模型是在计算机视觉（Computer Vision，CV）领域中使用的大模型，通常用于图像处理和分析。这类模型通过在大规模图像数据上进行训练，可以实现各种视觉任务，如图像分类、目标检测、图像分割、姿态估计、人脸识别等。代表性产品包括 LLaVA 系列、文心 CV 大模型、INTERN（商汤）等。

（3）多模态大模型。

多模态大模型是能够处理多种不同类型数据的大模型，例如文本、图像、音频等多模态数据。这类模型结合了 NLP 和 CV 的能力，以实现对多模态信息的综合理解和分析，从而能够更全面地理解和处理复杂的数据。代表性产品包括 DingoDB 多模向量数据库（九章云极 DataCanvas）、DALL-E（OpenAI）、悟空画画（华为）、Midjourney 等。

（4）在大模型中，**ChatGPT** 和 **DeepSeek** 都属于**语言大模型**，但它们在**视觉大模型**和**多模态大模型**方面的定位和进展有所不同。

ChatGPT 本身不直接处理视觉任务，但可通过外挂视觉基础模型（如 Visual ChatGPT）间接实现图像相关功能（如图像描述、风格迁移），依赖外部视觉模型完成视觉任务。ChatGPT 通过结合语言模型与外部视觉模型（如 DALL-E 或 Visual ChatGPT 框架）实现多模态交互，但核心仍是语言模型，视觉能力依赖外部组件。

DeepSeek 推出了专门的视觉语言模型（如 DeepSeek-VL、DeepSeek-VL2），直接处理图像与文本的联合任务（如视觉问答、图像描述），属于视觉语言大模型的范畴。DeepSeek 的多模态能力更直接，其视觉语言模型（DeepSeek-VL 系列）和统一多模态模型（如 Janus 系列）可同时处理文本和图像输入，属于多模态大模型的典型代表。

以 ChatGPT 为代表的国外大模型和以 DeepSeek 为代表的国内大模型为主导，共同推动着 AI 技术的进步与应用落地。

ChatGPT 由 OpenAI 公司研发，是当前全球最具影响力的语言大模型之一。作为 GPT 系列的重要应用版本，它基于强大的生成式预训练架构，通过海量参数（如 GPT-4 据传达到万亿级规模）和广泛的互联网数据训练，实现了接近人类水平的自然语言交互能力。ChatGPT 不仅能流畅完成对话问答，还能进行代码编写、论文摘要、创意写作等复杂任务，其多轮对话的连贯性和上下文理解能力尤为突出。OpenAI 通过持续的迭代优化，使 ChatGPT 在英文语境下展现出卓越的性能，同时也在逐步提升多语言支持能力。该模型已广泛应用于教育、客服、内容创作等领域，并通过 API 接口赋能众多企业级应用，成为全球 AI 商业化的重要标杆。

DeepSeek 由深度求索公司研发，是国内大模型领域的代表性产品，专注于中文及多语言场景下的高性能 AI 模型研发。DeepSeek 在模型架构上进行了多项创新，通过高效的训练算法和针对中文语义的深度优化，在文本生成、逻辑推理等任务上展现出强大的竞争力。与 ChatGPT 相比，DeepSeek 更注重中文语境下的精准表达和文化适配，在古文理解、中文创作等特色场景中表现优异。同时，DeepSeek 积极推进技术开源和生态共建，其推出的模型 DeepSeek-MoE 为国内 AI 开发者提供了重要的基础支持。在应用层面，DeepSeek 已深入金融、教育、政务等行业，为企业提供智能客服、文档分析、知识管理等定制化解决方案，助力中国产业智能化升级。

（5）大模型的特点。

大模型作为人工智能领域的重要突破，凭借其海量参数、更好的性能和泛化能力、多任务处理能力、强大的计算资源、领域知识融合等大模型特点，正在深刻改变技术应用的格局。

4. 生成式 AI 工具

生成式 AI 工具在各个领域都有广泛的应用，从文本生成、图像生成到音频生成和视频生成，这些工具不仅提高了内容创作的效率，还为创新和个性化提供了无限可能。国外具有代表性的大模型产品详见表 1-8，国内具有代表性的大模型产品详见表 1-9。

表 1-8　国外具有代表性的大模型产品

大模型名称	图标	描述
OpenAI o3		在自然语言处理和多模态学习方面尤其强大，能够高效完成复杂文本生成、逻辑推理和跨模态（如文本与图像关联任务）
Gemini 2.5		能够同时处理多种类型的数据和任务，覆盖文本、图像、音频、视频等多个领域
Sora		文本生成视频大模型，只需输入文本就能自动生成视频
Claude 4		编程辅助：自动调试、跨语言代码转换（如 Python 转 Rust），快速综述文献、提取论文关键数据

表 1-9　国内具有代表性的大模型产品

大模型名称	图标	描　　　述
DeepSeek		DeepSeek 是由深度求索公司推出的大规模预训练语言模型,具备强大的多语言理解与生成能力,支持代码、文本等多模态任务,广泛应用于智能问答、内容创作、自动编程等领域
讯飞星火		讯飞星火是科大讯飞自主研发的大语言模型,专注于中文语义理解与生成,支持教育、办公、医疗等多行业场景,具备多轮对话、知识问答、文本创作等多项智能能力
豆包		豆包是字节跳动推出的通用大语言模型,强调轻量化与高效推理,支持多平台接入,适用于智能助手、内容生成、搜索增强等多种应用场景
Kimi		Kimi 是月之暗面(Moonshot AI)公司开发的智能大语言模型,主打超长文本处理与多轮逻辑推理,具备文档分析、代码生成、知识问答等综合能力,广泛应用于教育、办公和企业服务
即梦 AI		即梦 AI(Dreamina AI)是面向内容创作领域的生成式大模型,擅长故事、剧本、小说等文本创作,支持多风格、多角色、多场景的智能生成,适用于文学、游戏等创意行业
通义千问		通义千问是阿里云推出的通用大语言模型,具备多语种理解、知识推理、代码生成等能力,广泛应用于企业知识管理、智能客服、办公自动化等场景
智谱清言		智谱清言(GLM/ChatGLM)是智谱 AI 公司开发的中文大语言模型,专注中文对话与问答,支持多模态输入输出,适用于教育、医疗、政务等行业的智能应用
文心一言		文心一言(ERNIE Bot)是百度公司推出的大语言模型,基于 ERNIE 技术,具备强大的中文理解与生成能力,支持多轮对话、知识检索、内容创作等功能,服务于搜索、营销、智能助手等领域
盘古大模型		盘古大模型是华为云自主研发的通用大语言模型,支持中文和多语种处理,具备文本理解、知识推理、智能生成等能力,广泛应用于金融、政务、制造等行业的智能化转型

1.3.3　项目实验：本地部署大模型

1. 实验环境准备

本地部署大模型的实验环境要求如图 1-29 所示。

硬件需求

磁盘空间：要求不少于8GB内存和30GB剩余磁盘空间

软件环境

操作系统：Window10及以上

python版本：Python3.11

模型版本：DeepSeek-R1:1.5B

图 1-29　环境准备

2. Ollama 安装（Windows）

打开网址 https://ollama.com/，下载 Ollama，如图 1-30 所示。

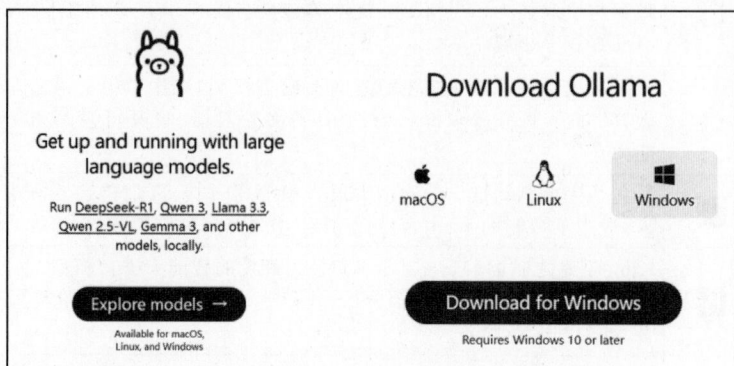

图 1-30　Ollama 下载

下载完成以后，双击安装包文件 OllamaSetup.exe 完成安装。安装完成以后，在 Windows 系统中，右击"开始"菜单按钮，在弹出的菜单中选择"运行"，再输入 Windows＋R，输入 cmd 并按 Enter 键，打开 cmd 命令行工具窗口，输入命令 ollama --version 验证是否安装成功，如图 1-31 所示。

图 1-31　验证安装

在 DeepSeeK R1 模型发布后，Ollama 也快速集成了 DeepSeek R1 模型，其下载地址为 https://ollama.com/library/deepseek-r1。请根据自己计算机的显存选择适合的模型，如计算机配置较差，建议选择参数较少、体积最小的 1.5B 版本；如果计算机的配置较高，也可以选择参数较大的版本。这里的 B 是英文 Billion（十亿）的首字母，表示参数模型的参数规模，1.5B 就是 15 亿参数的意思。当然，除了通过官方地址下载外，也可以使用其他方法下载。按下 Windows＋R 组合键，输入 cmd，执行命令 ollama run deepseek-r1:1.5b 就可以自动下载 DeepSeek R1 大模型，如图 1-32 所示。

在 cmd 命令行窗口中执行命令，ollama run deepseek-r1:1.5b 启动后，用户可以直接输入问题并获取回答，例如"请问如何学习人工智能"，如图 1-33 所示。

关闭 cmd 窗口后 DeepSeek R1 模型就会停止运行，下次要再次使用的时候，重新运行 ollama run deepseek-r1:1.5b 即可。

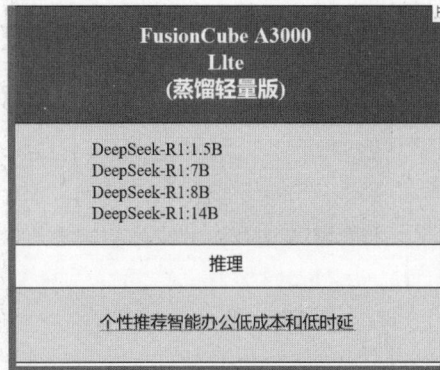

图 1-32　DeepSeek R1 蒸馏版

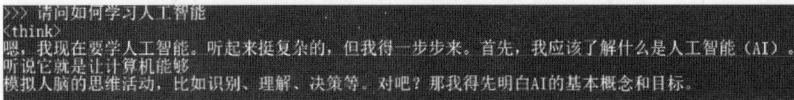

图 1-33　deepseek-r1：1.5b 问答

3. 使用 Open WebUI 加强用户交互体验

Open WebUI 是一个基于开源框架构建的现代化大语言模型交互界面,是专为本地化部署 AI 模型设计的平台。

打开 cmd 命令行窗口,在该窗口中执行命令:

pip install open-webui -i https://pypi.tuna.tsinghua.edu.cn/simple

这里使用国内清华大学的安装源镜像,这样可以加快安装速度。

下载完成后输入 open-webui serve,直至出现图 1-34 所示界面则说明运行成功。

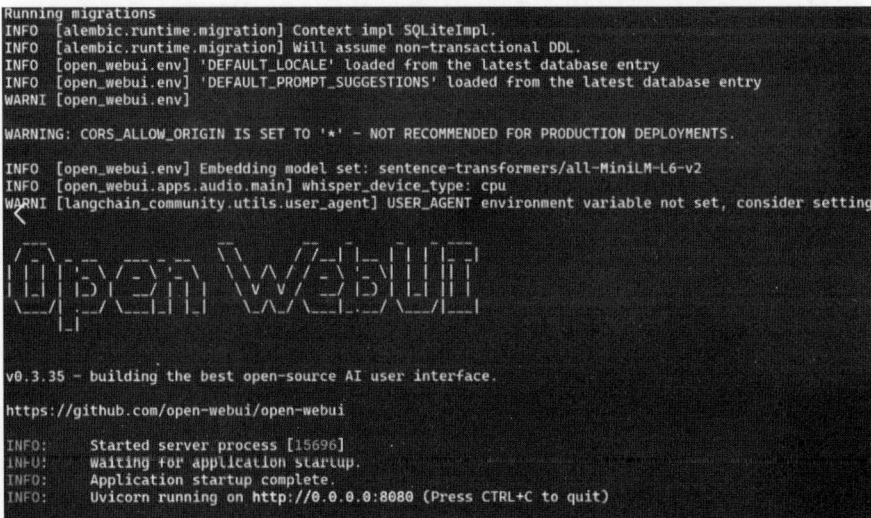

图 1-34　启动 WebUI

运行完成后访问链接即可进入 Open WebUI，图 1-35 为成功在本地部署的 DeepSeek-R1 70B 模型效果图。

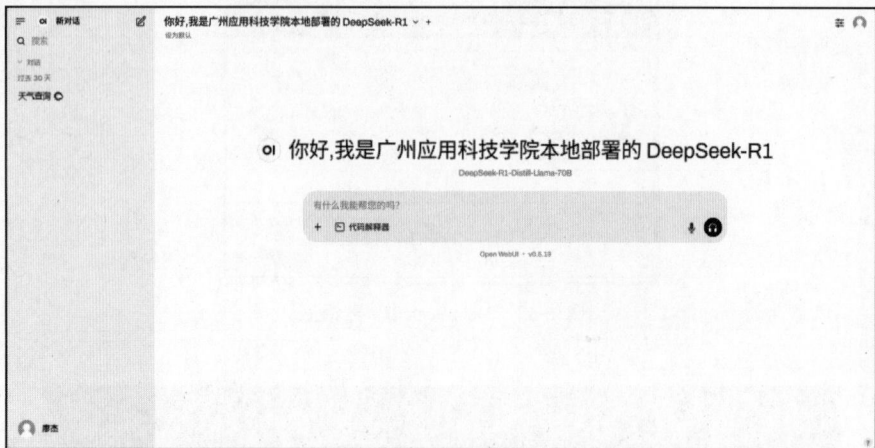

图 1-35　本地部署的 DeepSeek-R1 70B 界面

在 Open WebUI 界面中，可以选择已下载的 DeepSeek R1 模型，即可开始对话测试。如图 1-36 所示，可以在对话框中输入"如何学习人工智能"，然后按 Enter 键，页面就会给出 DeepSeek R1 的回答结果。

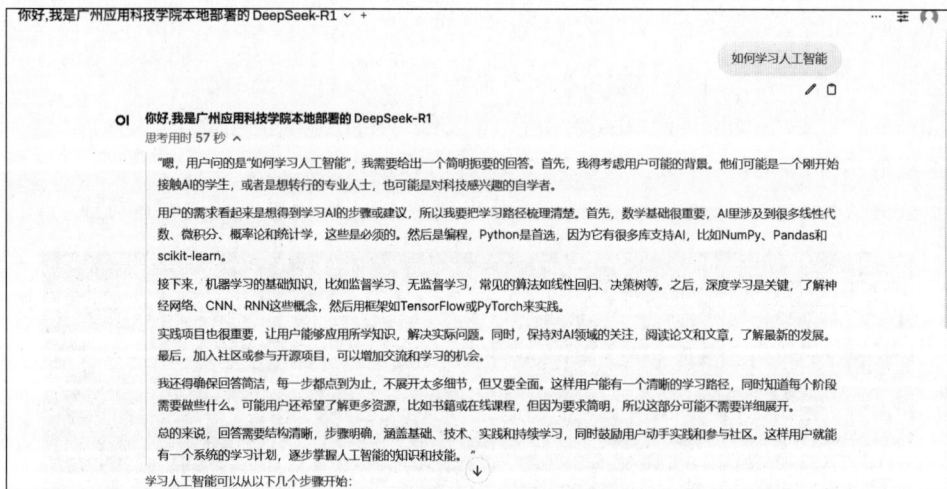

图 1-36　DeepSeek R1 问答

无法连接互联网的读者，可以选择离线部署的方式。

1.3.4　项目挑战：离线部署 DeepSeek 大模型

下载离线的 DeepSeek 模型包，将其解压到本地，然后执行命令 ollama create deepseek-r1-1.5b -f Modelfile，Ollama 将根据 Modelfile 中的配置自动安装 deepseek-r1-1.5b.gguf 文

件。看到命令行出现 success 则说明安装成功,如图 1-37 所示。

图 1-37　安装成功

其余操作和实验活动与 1.3.3 节介绍的本地部署大模型的方法一致。

1.3.5　项目思考与讨论

题目一:如何通过本地部署的大模型来提升自己的体验?

题目二:如何利用大模型技术推动跨学科研究,例如在生物医学和科学教育等领域的创新应用?

1.3.6　项目知识链接

Transformer 架构(transformer architecture):Transformer 是一种基于自注意力机制的深度神经网络模型架构,由 Vaswani 等在 2017 年提出。与传统的循环神经网络(RNN)和卷积神经网络(CNN)不同,Transformer 完全摒弃了序列化的循环结构,而采用全连接的自注意力机制和前馈神经网络处理输入和输出序列。其主要结构包括编码器(Encoder)和解码器(Decoder)两部分,每部分由多个相同的层堆叠组成,层内包含多头自注意力机制和前馈网络。Transformer 架构不仅极大提升了模型的并行计算能力,还能有效捕捉长距离依赖关系,成为自然语言处理、机器翻译、多模态学习等领域的主流基础。基于 Transformer 的代表性模型包括 BERT、GPT、T5、Gemini 等。

自注意力机制(self-attention mechanism):自注意力机制是 Transformer 模型的核心创新之一。该机制使得模型在处理序列中某个元素时,可以动态地关注序列中所有其他元素的信息,从而捕捉到全局的上下文依赖。自注意力通过对每个输入向量计算查询(Query)、键(Key)、值(Value),利用点积和 Softmax 函数获得注意力权重,然后加权求和形成输出表示。多头自注意力机制则将这一过程并行化,允许模型在不同的子空间中学习不同的依赖关系。自注意力机制不仅提升了模型的表达能力,还显著加快了训练速度,是实现大规模预训练和多任务学习的关键技术。

MoE 框架(mixture of experts):MoE(专家混合)是一种大规模神经网络扩展技术,通过在模型中引入多个"专家"子网络,每次仅激活部分专家参与计算,从而在保证模型整体参数规模巨大的同时,显著提升推理效率和计算资源利用率。MoE 框架通常包含一个门控网络(Gating Network),用于根据输入动态选择最合适的专家。这样,模型能根据任务和输入的不同激活不同的专家,提升泛化能力和专业化程度。MoE 已成为提升大模型性能、降低推理成本的重要途径,代表性应用如 DeepSeek-R1、Google Switch Transformer 等,广泛应用于多任务学习、跨领域知识迁移等场景。

多模态学习(**multimodal learning**):多模态学习是指模型能够同时处理和理解来自不同模态的数据,如文本、图像、音频、视频等。多模态大模型通过联合建模不同类型的数据,实现跨模态的信息融合、语义理解和推理能力。其关键技术包括模态对齐(对不同模态的数据进行语义映射)、跨模态注意力机制、联合嵌入空间等。多模态学习广泛应用于智能问答、图文生成、视频理解、跨模态检索等领域。代表性模型有 Gemini(谷歌)、DALL-E(OpenAI)、DeepSeek-VL(深度求索)、悟空画画(华为)等。多模态学习推动了 AI 系统向更接近人类感知与认知的方向发展。

本地化部署(**local deployment**):本地化部署是指将大模型及其推理服务部署在用户本地服务器、个人计算机或边缘设备上,而非依赖云端服务。这种部署方式能够有效提升数据安全性,保护用户隐私,降低对网络环境的依赖,同时提升响应速度和离线可用性。常见的本地部署工具包括 Ollama(支持多种主流大模型的本地运行)、Open WebUI(为本地大模型提供现代化交互界面)、LMdeploy、LMStudio 等。通过本地化部署,开发者和企业可以更灵活地定制 AI 服务,满足特定行业、场景和合规需求,尤其适用于医疗、金融、政务等对数据安全和实时性要求较高的领域。

数字化学习

视频讲解

单元小结

本单元围绕 AI 大模型原理与应用展开,通过 3 个精心设计的项目带领学习者深入探索人工智能的核心技术与实践应用。在"走进智能时代"项目中,我们系统梳理了 AI 从概念提出到 GPT-4 等大模型问世的发展历程,分析了当前 AI 技术的九大发展趋势,并通过构建个性化学习助手让学习者亲身体验 AI 如何赋能教育创新。"算法基础"项目以卷积神经网络(CNN)为重点,通过 MNIST 手写数字识别和中文手写汉字识别两个实践案例,深入剖析了 CNN 的卷积-池化-全连接架构及其在图像识别中的应用原理,同时拓展介绍了 GNN、RNN、GAN 等 7 类主流算法的特点与应用场景。在"大模型基础"项目中,我们重点解析了 Transformer 架构及其衍生模型(如 DeepSeek-R1)的技术原理,并通过 Ollama 工具实现大模型的本地部署实践,让读者掌握前沿 AI 技术的应用方法。这 3 个项目由浅入深、理论与实践相结合,不仅帮助学习者建立起 AI 大模型的完整知识体系,更培养了算法思维、数据处理能力和工程实践技能,为后续 AIGC、Agent、工作流等的学习与应用奠定了坚实基础。

单元 2　AIGC 应用与实践

生成式人工智能(Generative Artificial Intelligence,GAI,生成式 AI)是人工智能领域的重要分支,一种基于算法和模型生成文本、图像、音频、视频、3D 模型和代码等内容的技术,不同于传统 AI 的分析功能,生成式 AI 能学习并生成具有逻辑的新内容。不同于传统的人工智能仅对输入数据进行处理和分析,生成式 AI 可以学习并模拟事物的内在规律,根据用户的输入资料生成具有逻辑性和连贯性的新内容。这一技术的核心依托于多模态模型,能针对用户需求实现异构数据的生成式输出。

人工智能生成内容(Artificial Intelligence Generated Content,AIGC)是指基于生成对抗网络(Generative Adversarial Networks,GAN)、大型预训练模型等人工智能的技术方法,通过已有数据的学习和识别,以适当的泛化能力生成相关内容的技术。

目前,AIGC 在数字媒体、广告、娱乐、教育、营销、科研等多个领域展现出广泛应用的潜力。AIGC 能创造出全新的内容,如文本、图像、音频、视频、3D 模型和代码等。

本单元主要从代码生成、图像生成、音频生成、视频生成、数字人生成、3D 模型生成进行实践活动,讲解 AIGC 的应用。

学习目标

- 能描述 AIGC 的概念。
- 能使用 AIGC 生成代码、音频、视频等内容。

单元挑战

AI 短剧制作

项目 2.1　使用 Claude 生成程序代码

Claude 是由 Anthropic 打造的高性能、可信赖且智能的 AI 平台。Claude 在语言、推理、分析、编程等任务方面表现出色。在本项目中,我们将探索 Claude 在代码生成领域的革命性应用,揭示 AI 如何将自然语言指令转化为可执行代码的神奇过程。本项目将系统性地介绍实现代码生成的基本原理、AIGC 大模型的提示词、使用 Claude 生成 HTML5《别踩白块》小游戏代码实验活动。在此基础上,使用 Claude 生成个人博客网页代码完成项目挑战。

项目学习目标

在本项目中,我们将通过解决几个应用问题,将解决问题的方法归结为一系列清晰、准确的步骤过程,学习 AIGC 的基本概念,使用 Claude 生成 HTML5《别踩白块》小游戏代码,使用 Claude 生成个人博客网页代码。

完成项目学习后,须能回答以下问题:

- 什么是 AIGC?
- 提示词(Prompt)在 AIGC 中有何作用?
- AIGC 的典型应用场景有哪些?

核心概念

人工智能生成内容(Artificial Intelligence Generated Content,AIGC)是指基于生成对抗网络、大型预训练模型等人工智能的技术方法,通过已有数据的学习和识别,以适当的泛化能力生成相关内容的技术。

2.1.1　实现代码生成的基本原理

提示词(prompt)是用户提供给生成式 AI 的输入指令或引导信息,用于控制模型的输出内容和风格。它的作用类似于“钥匙”,决定了 AI 生成的方向、质量和相关性。

提示词通常包括任务、角色、上下文和输出控制。提示词的核心作用是指导模型理解任务目标。因此,除了任务是必要组成要素以外,其他要素均为可选。

首先,大模型会在大量的代码数据上进行预训练。这些代码数据包含了各种编程语言的范例、结构、语法规则等不同类型的代码片段。在预训练过程中,模型学习到代码中的模式,例如特定功能对应的代码结构、变量命名的常见方式以及不同语法元素的组合规律等,从而构建起对代码结构和语法的基本认识。当接收到代码生成的提示词时,大模型会对提示词进行分析理解。这可能涉及对提示词描述中的自然语言进行解析,识别出诸如要实现的功能、输入/输出的要求、性能方面的期望等关键信息。然后,基于在预训练中学到的知识,模型从它所学到的众多代码模式和范例中进行搜索和匹配,并且它不会只做一次选择,而是会考虑多个可能的路径,通过搜索和比较这些路径,找到最符合需求的部分代码或者代码结构,以确保生成的代码的质量。

2.1.2　项目实验:使用 Claude 生成代码

本实验活动内容:使用 Claude 生成 HTML5《别踩白块》小游戏代码。

1. 提示词设计

提示词设计如下[①]。

[①] 本书中的提示词都加灰底以示区别。

你是一个专业的前端游戏开发工程师,请使用纯 HTML5/CSS/JavaScript(不使用任何第三方游戏引擎)开发一个《别踩白块》小游戏的完整实现。要求如下:

(1)**游戏核心机制**:4×4 的黑色方块矩阵,白色背景;随机生成黑色方块(每行至少一个黑块);玩家点击黑块得分,误点白块游戏结束;随着分数增加,方块下落速度逐渐加快。

(2)**技术实现**:使用 Canvas API 进行渲染;采用 requestAnimationFrame 实现游戏循环;使用 ES6+语法,代码模块化;包含详细的代码注释。

(3)**游戏功能**:"开始"界面("开始"按钮);实时分数显示;游戏结束弹窗(显示最终得分+"重玩"按钮);简单的点击音效。

(4)**代码结构**:清晰的类结构(如 Game、Block、Player 等);独立的事件处理逻辑;包含必要的边界检测和错误处理。

额外要求:响应式设计,适配不同屏幕尺寸;生成完整的 HTML 文件,包含<style>和<script>标签;提供 3 个不同难度级别的选项(通过下落速度调节)。

2. 生成内容

生成的内容太多,在此仅选择部分核心代码①。

```javascript
// 游戏状态
this.isRunning = false;
this.score = 0;
this.difficulty = 'medium'; // 默认难度
this.speed = 2; // 初始速度
this.lastTime = 0;
this.accumulator = 0;
this.difficultySettings = {
    'easy': { initialSpeed: 1, speedIncrement: 0.2 },
    'medium': { initialSpeed: 2, speedIncrement: 0.3 },
    'hard': { initialSpeed: 3, speedIncrement: 0.4 }
};
```

```javascript
update(deltaTime) {
    // 移动所有方块
    for (let i = this.blocks.length - 1; i >= 0; i--) {
        const block = this.blocks[i];
        block.y += this.speed * (deltaTime / 16); // 标准化速度

        // 移除超出屏幕的方块
        if (block.y > this.height) {
            // 如果移除的是黑块且未被点击, 游戏结束
            if (!block.clicked && block.color === 'black') {
                this.gameOver();
                return;
            }
            this.blocks.splice(i, 1);
        }
    }
}
```

---

① AI 生成内容加方框表示。

```
 * 生成新的一行方块
 */
generateNewRow() {
    // 确定黑块位置（每行至少一个黑块）
    const blackCols = this.getRandomBlackCols();

    for (let col = 0; col < COLS; col++) {
        const isBlack = blackCols.includes(col);
        this.blocks.push({
            x: col * this.blockWidth,
            y: -this.blockHeight, // 从屏幕顶部外开始
            width: this.blockWidth,
            height: this.blockHeight,
            color: isBlack ? 'black' : 'white',
            clicked: false,
            col: col
        });
    }
```

```
/**
 * 获取随机黑块列索引
 * @returns {number[]} 包含黑块列索引的数组
 */
getRandomBlackCols() {
    const blackCols = [];
    const blackCount = 1 + Math.floor(Math.random() * 3); // 1-3个黑块

    while (blackCols.length < blackCount) {
        const col = Math.floor(Math.random() * COLS);
        if (!blackCols.includes(col)) {
            blackCols.push(col);
        }
    }

    return blackCols;
}
```

《别踩白块》小游戏的运行效果如图 2-1 所示。

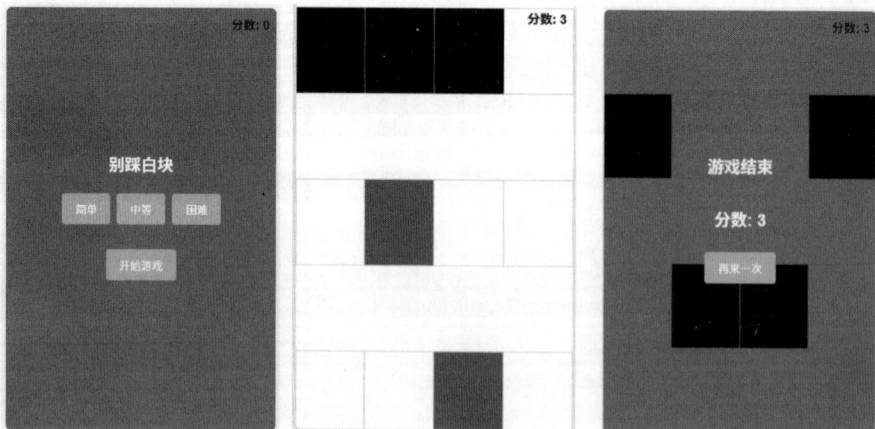

图 2-1 运行效果

2.1.3　项目挑战：使用 Claude 生成网页代码

1. 项目任务

使用 Claude 生成个人博客网页代码，完成本项目挑战。

2. 项目指引

(1) 网上调研个人博客网页；

(2) 设计提示词；

(3) 使用 Claude 生成代码；

(4) 运行代码，查看效果；

(5) 撰写项目挑战报告。

3. 交流评价与反思

在班级里展示作品，反思在完成项目的过程中遇到了哪些困难，是如何克服困难的。

2.1.4　项目知识链接

代码生成（**code generation**）指人工智能系统根据非代码形式的输入（如自然语言描述、数学规范、流程图等），自动产生符合语法规则且具备预期功能的可执行代码片段或完整程序的过程。

代码补全（**code completion**）是在开发者编写代码过程中，模型基于上下文（已输入代码、文件类型、项目结构等）动态预测并建议后续可能的代码片段，包括单行补全、整块代码生成（如函数体）或 API 调用模板。

大语言模型（**Large Language Model，LLM**）是一种基于深度学习的人工智能技术，也是自然语言处理的核心研究内容之一。其核心是使用大规模数据集对模型进行训练，从而使其能够生成自然语言文本或理解语言文本的含义。这些模型通过层叠的神经网络结构，学习并模拟人类语言的复杂规律，达到接近人类水平的文本生成能力。大语言模型采用与小模型类似的 Transformer 架构和预训练目标（如 Language Modeling），与小模型的主要区别在于增加模型大小、训练数据和计算资源。相比传统的自然语言处理（Natural Language Processing，NLP）模型，大语言模型能够更好地理解和生成自然文本，同时表现出一定的逻辑思维和推理能力。

检索增强生成（**Retrieval-Augmented Generation，RAG**）是一种结合检索和生成技术的模型。它通过引用外部知识库的信息来生成答案或内容，具有较强的可解释性和定制能力，适用于问答系统、文档生成、智能助手等多个自然语言处理任务中。RAG 模型的优势在于通用性强、可实现即时的知识更新，以及通过端到端评估方法提供更高效和精准的信息服务。

思考与讨论

生成复杂业务逻辑代码时，如何通过 prompt 工程弥合自然语言描述与精确编程需求之间的差距？

当 AI 生成的代码涉及用户隐私数据处理时，除常规安全检查外，如何通过架构设计确保"隐私保护默认原则"？

数字化学习

视频讲解

项目 2.2　使用即梦 AI 生成图像

即梦 AI 是字节跳动推出的一站式 AI 创作平台，支持 AI 视频生成和 AI 图片生成。用户可通过自然语言或图片输入生成高质量的图像和视频。即梦 AI 提供 AI 绘画、智能画布、视频生成以及故事创作等多种功能，降低创作门槛，激发用户创意。用户可以用即梦 AI 的 AI 视频生成功能，输入简单的文案或图片，快速生成视频片段，且视频动效效果连贯性强、流畅自然。在本项目中，我们将探索即梦 AI 在图像生成领域的革命性应用，揭示 AI 如何将自然语言指令转化为图像的神奇过程。本项目将系统性地介绍即梦 AI 与使用即梦 AI 生成图像的实验活动与项目挑战。

项目学习目标

在本项目中，我们将通过几个应用问题，将解决问题的方法归结为一系列清晰、准确的步骤过程，学习即梦 AI 平台与如何使用即梦 AI 生成图像。

完成项目学习，须能回答以下问题。

- 什么是即梦 AI？
- 使用即梦 AI 生成图像如何设计提示词（prompt）？

2.2.1　即梦 AI 平台介绍

进入即梦 AI 平台首页，首页是使用即梦 AI 生成的图像作品（如图 2-2 所示），可单击查看效果。

进入"生成页签"画面（如图 2-3 所示），可以使用提示词生成图像，也可以导入图片内容

图 2-2　即梦 AI 平台首页

与提示词生成图像。

图 2-3　"生成页签"画面

单击"创作类型"下拉框按钮,可以选择"图片生成""视频生成""数字人""动作模仿"模式,如图 2-4 所示。

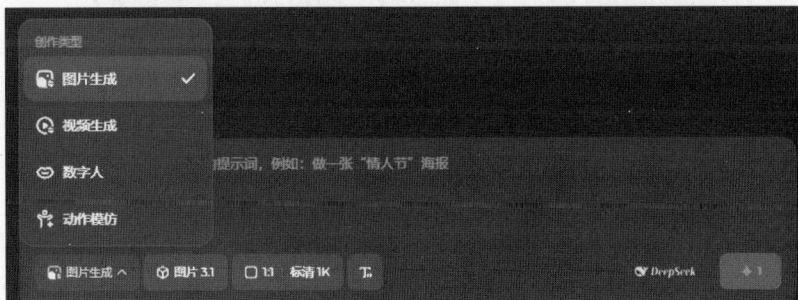

图 2-4　选择生成模式

单击"选择模型"下拉框可以选择不同的模型,如图 2-5 所示。

图 2-5　选择模型

单击"选择比例"下拉框,可以选择生成的效果,如在图片生成中有图片比例、分辨率等,如图 2-6 所示。

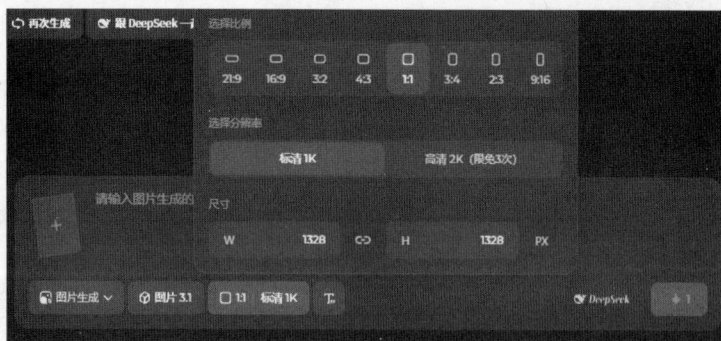

图 2-6　调整图片属性

进入"资产"页签,其中存放的是我们生成的图片、视频等资产,如图 2-7 所示。

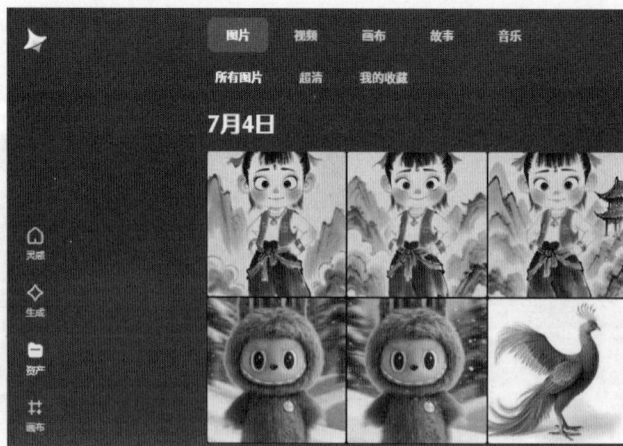

图 2-7　资产图片

2.2.2　项目实验：生成主题壁纸

实验活动内容：探索即梦 AI 的智能参考、垫图功能及图生视频能力，生成个性化 Labubu（拉布布）主题壁纸。

1. 参考图选取

在即梦 AI 的灵感广场中搜索 Labubu，选取一张风格喜欢的图片作为参考图，如图 2-8 所示。

图 2-8　即梦 AI 灵感广场

2. 提示词设计

提示词设计为"Labubu 在雪地中站在滑板上滑行，动态模糊效果"。

3. 生成内容

即梦 AI 生成了多张效果不同图片（如图 2-9 所示），可从中选择喜欢的图片下载。

图 2-9　生成内容

2.2.3　项目挑战：使用即梦 AI 生成高质量图像

1. 项目任务

使用即梦 AI 的 3.0 模型生成 Labubu(拉布布)在不同场景中的高质量图像,并优化提示词以提高生成效果,生成以下场景的 Labubu 图像,要求风格统一且符合场景逻辑,确保角色在不同场景中保持一致的形态和色彩:

- 滑板少年(提示词为"Labubu 站在滑板上滑行,城市背景,动态模糊");
- 海滩度假(提示词为"沙滩上的 Labubu,戴墨镜,躺椅,椰树与海浪");
- 科幻未来(提示词为"赛博朋克 Labubu,霓虹灯光,机械细节");
- 在生成的图片中添加中文艺术字(如"冒险 Labubu")。

2. 项目指引

(1) 网上调研或在即梦 AI 平台寻找 Labubu 参考图;
(2) 根据参考图生成不同场景下的 Labubu 图像;
(3) 筛选效果好的图片;
(4) 在生成的图片中添加中文艺术字;
(5) 撰写项目挑战报告。

3. 交流评价与反思

在班级里展示作品,反思在完成项目的过程中遇到了哪些困难,是如何克服困难的。

2.2.4　项目知识链接

AI 图像生成(**AI image generation**)是指利用人工智能模型(如扩散模型、生成对抗网络等),根据用户输入的自然语言描述或参考图片,自动生成高质量、内容丰富的图片或艺术作品的技术。该过程通常包括提示词解析、图像内容构建、风格迁移等环节,广泛应用于创意设计、广告、插画、影视制作等领域。

提示词工程(**prompt engineering**)是在使用生成式 AI(如文本生成、图像生成等)时,为获得理想输出结果而设计、优化输入提示词的过程。提示词工程关注如何用简洁、准确的语言描述需求,合理引导模型理解并生成目标内容,是提升生成质量和效率的重要方法。

多模态生成(**multimodal generation**)是指 AI 系统能够融合并理解多种不同类型的数据输入(如文本、图像、音频等),并基于这些多模态信息进行内容生成的能力。例如,通过文本描述生成图像,或将图片与文字结合生成视频,显著提升了 AI 内容创作的表现力和适用范围。

智能参考(**smart reference**)是 AI 生成平台提供的一种辅助创作功能,允许用户上传或选择参考图片,结合提示词引导模型生成风格、结构或元素与参考图相似的作品。智能参考有助于实现个性化创作和风格一致性,常见于 AI 绘画、数字艺术等场景。

垫图(image conditioning)是指在 AI 图像生成过程中,用户通过上传一张"垫图"作为基础结构或草稿,引导模型在原有图像基础上进行细节丰富、风格迁移或内容补全。垫图功能可提升生成结果的可控性和定制化程度,适用于壁纸设计、角色定制等应用。

AI 艺术字生成(AI artistic text generation)是 AI 平台基于用户输入的文字内容,结合图像风格自动生成具有艺术效果的中文或其他语言的字体图案。该功能支持在生成图片中嵌入艺术化文字,增强视觉表现力,常用于壁纸、宣传海报等创意场景。

数字化学习

视频讲解

项目 2.3　使用 Suno AI 根据歌词生成音乐

Suno 专注于 AI 音频创作与语音合成,支持多语种且具备情感表达能力,为播客、营销及语音娱乐等多场景赋能,丰富语音内容形态。在本项目中,我们将探索 Suno AI 在音乐生成领域的革命性应用,揭示 AI 如何将自然语言指令转化为音乐的神奇过程。本项目将系统性地介绍 Suno AI 平台、使用 Suno AI 根据歌词生成音乐的实验活动与项目挑战。

项目学习目标

在本项目中,我们将通过几个应用问题,将解决问题的方法归结为一系列清晰、准确的步骤过程,学习 Suno AI 平台、使用 Suno AI 根据歌词生成音乐。

完成项目学习,须能回答以下问题:

- 什么是 Suno AI?
- 音乐元素都有哪些?
- 怎么使用 Suno AI 平台根据歌词生成音乐?

2.3.1　Suno AI 平台介绍

界面及功能

进入 Suno AI 的官网首页(https://suno.com/about),官网首页会展示使用 Suno AI 生成的一些音乐作品(如图 2-10 所示),可以切换音乐聆听。

图 2-10　Suno AI 首页

单击 Make a song 按钮，注册登录后进入音乐创作页面，默认是在 Home 页签。Home 页签的内容主要为 Suno AI 官方推荐的一些高质量音乐和会员服务推荐，如图 2-11 所示。

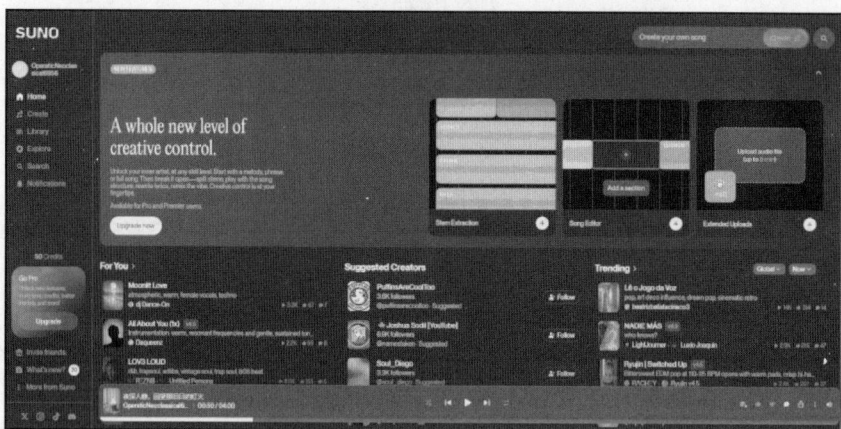

图 2-11　Home 页签

免费版每日有 10 首音乐的生成限额，本项目使用免费版进行实验活动和项目挑战已经够用了，如图 2-12 所示。

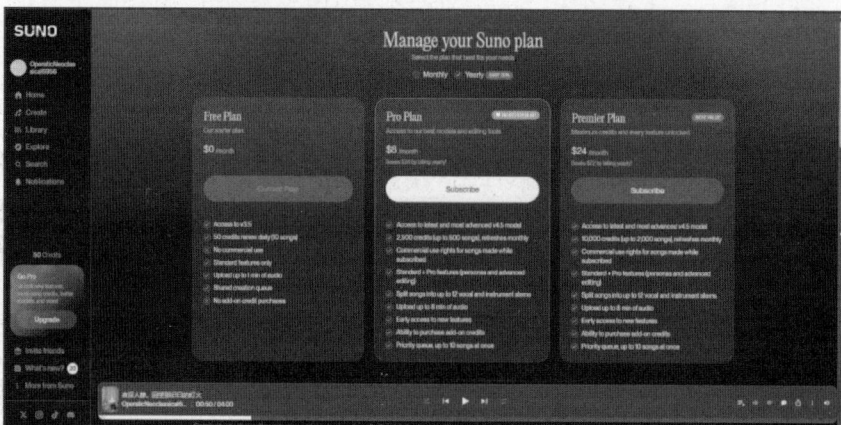

图 2-12　选择免费版

单击 Create 页签标签,进入 Suno AI 生成音乐的主要页面,如图 2-13 所示。

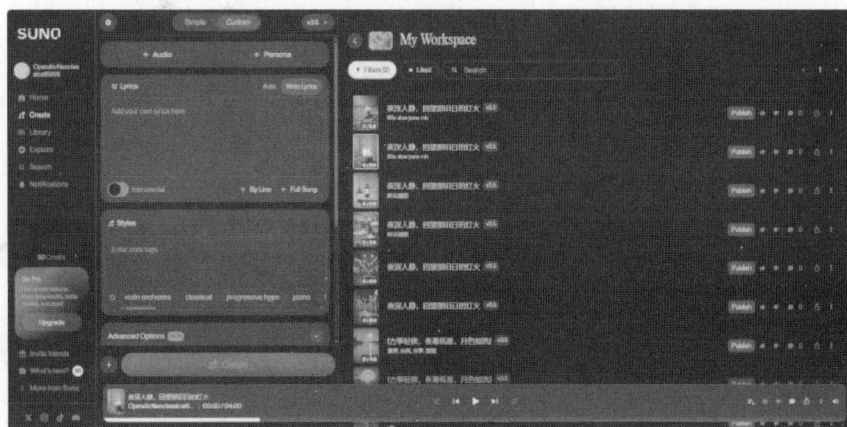

图 2-13　Suno AI 生成音乐页面

Create 页签有两种创作模式。第一种是 Simple 模式(如图 2-14 所示),输入歌曲描述生成歌曲,例如"关于第一次约会的甜美氛围歌曲"或"关于夏日沙滩的阳光歌曲"。

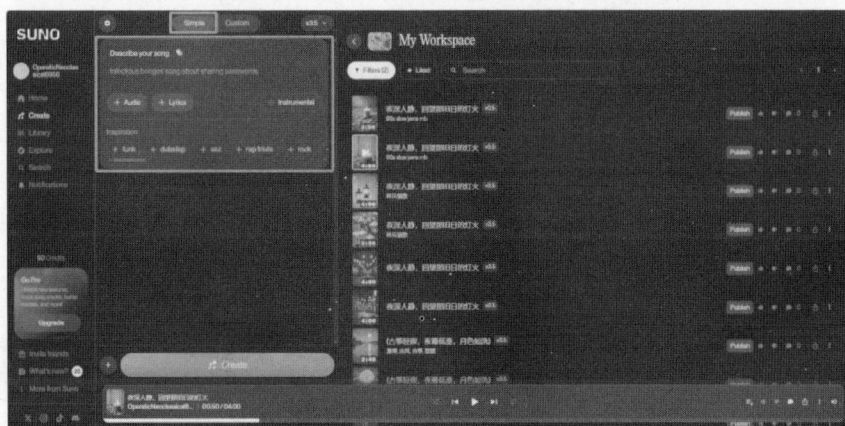

图 2-14　Simple 模式

第二种是 Custom 模式,输入歌词、风格标签生成歌曲,例如输入如下歌词和风格。
歌词(Lyrics):

主歌 1:	副歌:
阳光洒在初次相遇街角	这是爱情最初的讯号
你的笑容像春风轻挠	甜蜜在心中不停地发酵
心跳乱了节奏悄悄加速跳	牵着手走过每一条街道
那瞬间世界都变得美妙	让幸福在我们身边围绕
眼睛里藏着星星在闪耀	每一次微笑每一次拥抱
我的世界因你开始热闹	都是我们爱的珍贵记号
想靠近你听你的心跳	在这美好的时光中奔跑
这感觉仿佛梦境在环绕	向着那幸福的未来起跑

风格标签(Styles)：旋律琶音、女声，如图 2-15 所示。

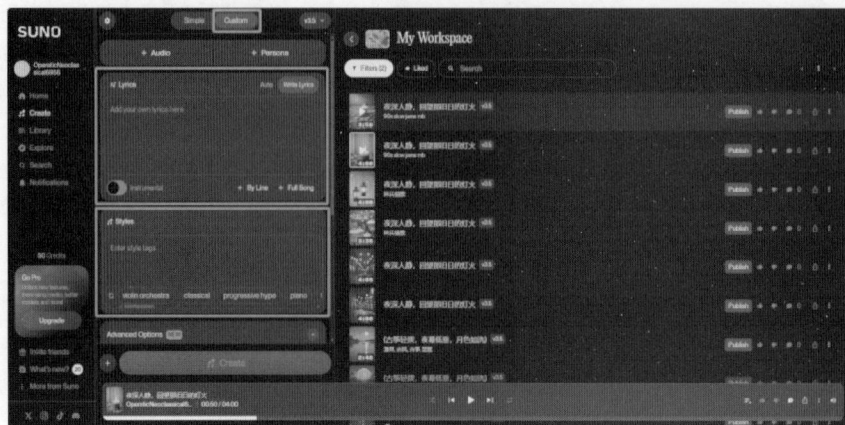

图 2-15　风格标签

2.3.2　项目实验：生成歌词和音乐

实验活动内容：使用讯飞星火平台生成音乐歌词，再使用生成的歌词给 Suno AI 生成音乐。

1. 使用讯飞星火平台生成歌词

进入讯飞星火官网(https://xinghuo.xfyun.cn/)，单击"开始对话"按钮，如图 2-16 所示。

图 2-16　讯飞星火官网

单击"智能体广场"(如图 2-17 所示)，搜索 suno 歌词生成工具，单击进入 suno 歌词生成工具智能体。

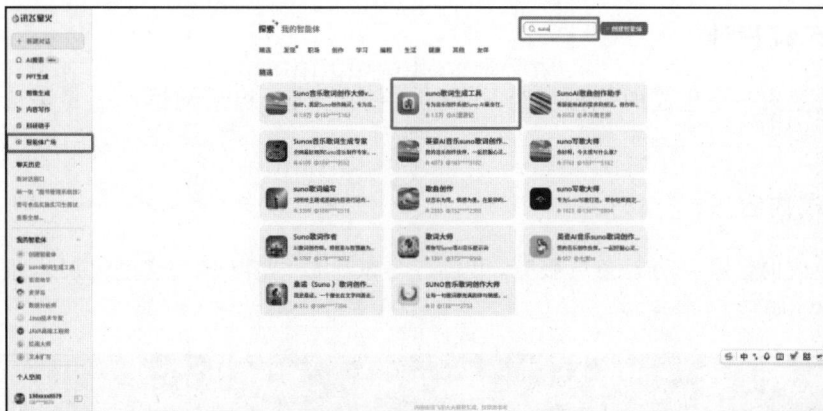

图 2-17　智能体广场

输入提示词：写一首李白《将进酒》为主题的歌词，如图 2-18 所示。

图 2-18　输入提示词

讯飞星火生成内容，如图 2-19 所示。

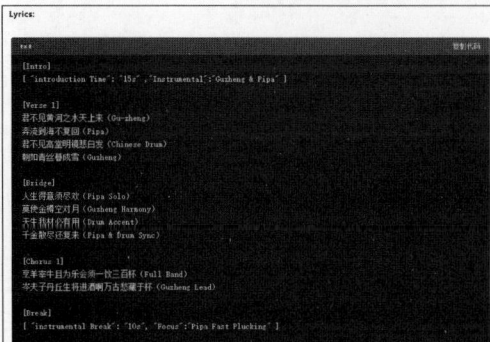

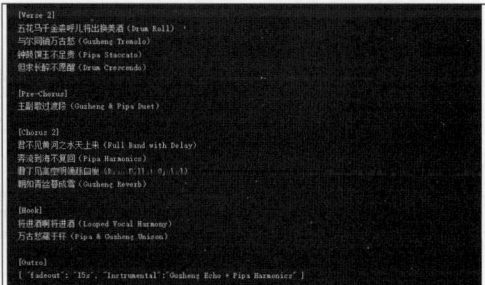

图 2-19　生成内容

2. 提示词设计

将讯飞星火平台生成的歌词作为 Suno AI 的提示词,提示词详情请看步骤 1 的生成内容。

3. 生成内容

下载生成内容需要购买会员服务,可自行尝试生成内容试听,这里仅展示生成内容界面,如图 2-20 所示。

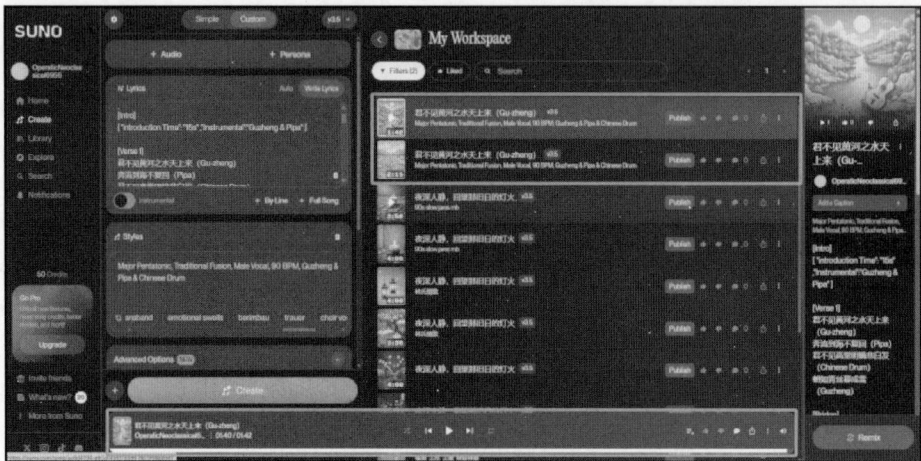

图 2-20　Suno AI 生成内容

2.3.3　项目挑战:生成个性化音乐

1. 项目任务

使用 Suno AI 仿照个人喜欢的歌曲生成音乐,掌握从歌词输入到音乐生成的全流程。

2. 项目指引

(1) 确定个人喜欢的歌曲;
(2) 确定该歌曲的歌词和风格标签;
(3) 使用 Suno AI 生成音乐;
(4) 预览歌曲查看效果;
(5) 撰写项目挑战报告。

3. 交流评价与反思

在班级里展示作品,反思在完成项目的过程中遇到了哪些困难,是如何克服困难的。

2.3.4　项目知识链接

AI 音乐生成（**AI music generation**）是指利用人工智能算法，根据用户输入的歌词、风格描述或旋律片段，自动创作旋律、和声、编曲甚至完整歌曲的技术。核心方法涵盖基于规则的自动作曲、概率模型、深度学习（如 LSTM、Transformer、扩散模型等），能够实现从旋律生成、和声编配到音色渲染的全流程自动化。AI 音乐生成广泛应用于辅助音乐创作、影视配乐、游戏音效、个性化音乐推荐等领域，推动音乐创作的高效化与多样化。但同时也面临创新归属、情感表达、版权归属和伦理规范等挑战，未来发展趋势将聚焦于人机协同创作、多模态生成与智能化音乐交互体验。

音乐元素（**musical elements**）是构成音乐作品的基本要素，主要包括旋律（melody）、节奏（rhythm）、和声（harmony）、音色（timbre）、速度（tempo）、力度（dynamics）和结构（form）等。旋律是音乐的主线，节奏决定音乐的律动，和声丰富音乐的层次，音色体现不同乐器或人声的独特质感，速度和力度影响音乐的表现力，结构决定音乐的整体布局。理解和灵活运用这些音乐元素，是音乐创作与分析的基础。

歌词生成（**lyrics generation**）是指通过人工智能技术，自动创作符合特定主题、情感或风格要求的歌词内容。AI 歌词生成通常结合自然语言处理（NLP）模型，能够根据指定的主题、关键词、韵律要求等自动生成押韵、结构合理、情感丰富的歌词文本，广泛应用于音乐创作、短视频配乐、智能写作等领域，显著提升创作效率并激发创意灵感。

AI 音乐风格迁移（**AI music style transfer**）是指人工智能系统能够根据用户指定的风格标签（如流行、摇滚、民谣、电子等），将输入的旋律或歌词内容自动生成符合目标风格的音乐作品。该技术依赖于深度学习模型对不同音乐风格特征的学习与建模，实现旋律、节奏、编配等多维度的风格转换，助力个性化音乐创作和多样化内容生产。

情感音乐合成（**emotional music synthesis**）是指 AI 模型在音乐生成过程中，能够识别并表达不同的情感色彩（如快乐、悲伤、激昂、宁静等），通过旋律、和声、节奏等音乐元素的有机结合，生成具有特定情感氛围的音乐作品。情感音乐合成提升了 AI 音乐的表现力和感染力，适用于影视配乐、游戏氛围营造、情感陪伴等多种场景。

语音合成与演唱（**voice synthesis & singing voice generation**）是指利用 AI 技术将文本（如歌词）转化为自然流畅的人声朗读或歌唱，包括多语种、不同音色、情感表达等多样化表现。该技术结合语音合成、音高控制、情感建模等模块，实现虚拟歌手、AI 播音、智能配音等创新应用，极大丰富了音频内容的表现形式和交互体验。

数字化学习

视频讲解

视频讲解

视频讲解

项目 2.4　使用 Runway Gen-4 生成视频

Runway Gen-4 在生成高动态性视频方面表现卓越，不仅能呈现真实流畅的动作效果，还能保持主题、物体和风格的一致性，同时具备卓越的提示遵循能力及业内领先的场景理解能力。在本项目中，我们将探索 Runway Gen-4 在视频生成领域的革命性应用，揭示 AI 如何将自然语言指令转化为视频的神奇过程。本项目将系统性地介绍 Runway Gen-4 平台，以及使用 Runway Gen-4 生成视频的实验活动与项目挑战。

项目学习目标

在本项目中，我们通过几个应用问题，将解决问题的方法归结为一系列清晰、准确的步骤过程，学习 Runway Gen-4 平台，使用 Runway Gen-4 生成视频。

完成项目学习后，须能回答以下问题。

- 什么是 Runway Gen-4？
- 使用 Runway Gen-4 生成视频需要准备什么材料？

2.4.1　Runway Gen-4 平台介绍

进入官网首页(https://runwayml.com/research/introducing-runway-gen-4)，单击 Get Started，如图 2-21 所示。

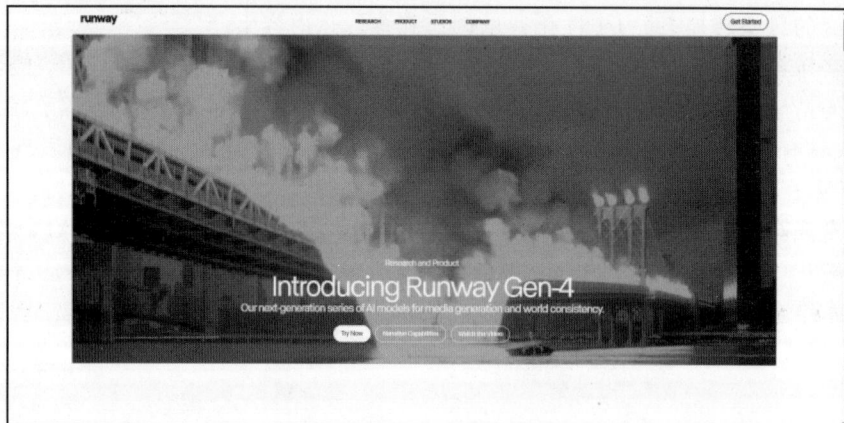

图 2-21　Runway Gen-4 首页

注册登录进入操作台页面，如图 2-22 所示。

在 Image 模式下可以通过描述镜头，添加图像参考或绘制场景草图生成图片，如图 2-23 所示。

在 Video 模式下，选择导入图片或者生成图片作为关键帧画面，通过文字描述视频画

图 2-22　操作台页面

图 2-23　镜头描述

面,如图 2-24 所示。

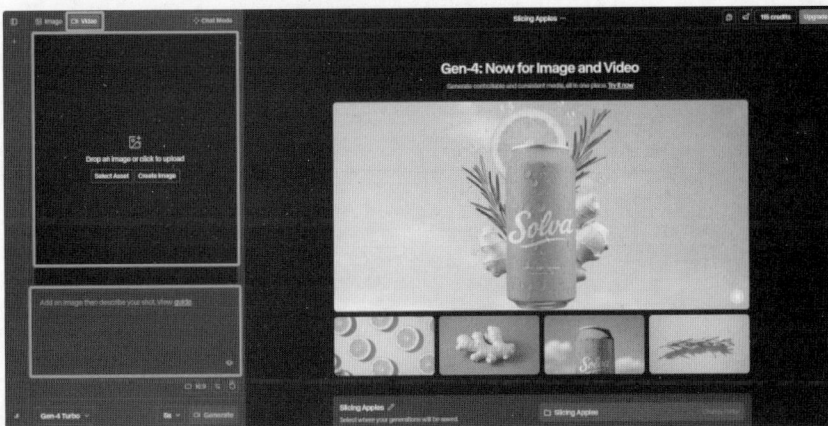

图 2-24　Video 模式

2.4.2　项目实验：生成视频

项目实验：使用讯飞大模型生成视频脚本，使用 Runway Gen-4 生成关键帧画面。根据视频脚本、关键帧画面生成视频，视频的主题为"艾滋病防护科普宣传"。

1. 使用讯飞星火平台生成视频脚本

进入图 2-25 所示的讯飞星火官网(https://xinghuo.xfyun.cn/)，单击"开始对话"按钮。

图 2-25　讯飞星火官网

输入提示词："艾滋病防护科普广告视频创意文案"，如图 2-26 所示。

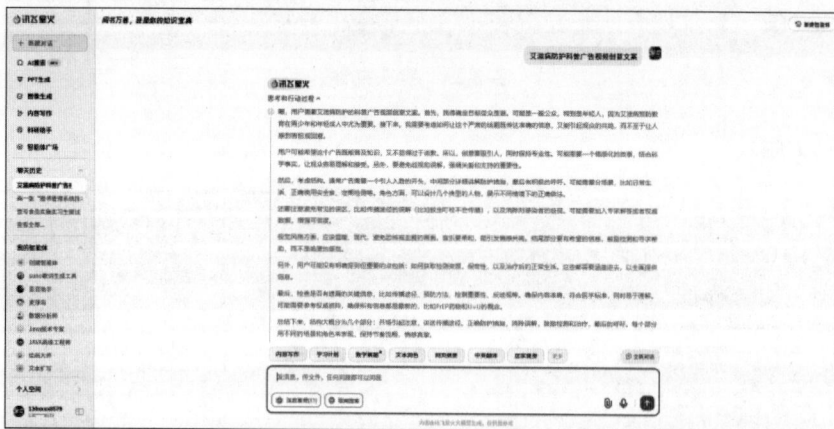

图 2-26　输入提示词

讯飞星火生成内容，如图 2-27 所示。

2. 使用 Runway Gen-4 生成关键帧画面

将讯飞星火平台生成的画面描述作为 **Runway Gen-4** 的提示词，提示词详情请看步骤 1

图 2-27　生成内容

的生成内容。

提示词1：镜头聚焦一双紧握安全套的手。色调为暖黄与蓝绿渐变，传递希望与理性。

生成内容1：该图片为开场镜头的关键帧画面，如图 2-28 所示。

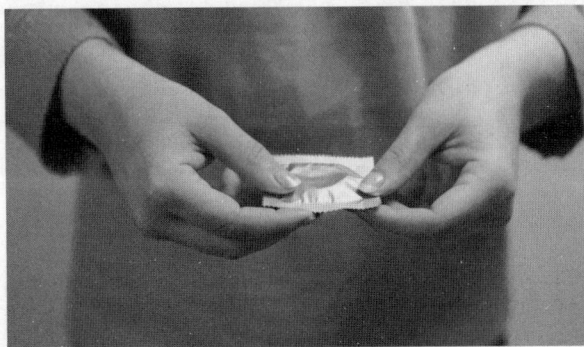

图 2-28　生成内容 1

提示词2：HIV 病毒结构，简洁科技感。

生成内容2：该图片为第一幕镜头的关键帧画面，如图 2-29 所示。

3. 使用 Runway Gen-4 根据视频脚本、关键帧画面生成视频

这里仅展示生成开场、第一幕视频分镜头。

（1）开场镜头。

提示词：清晨阳光洒进城市街道，人群熙攘前行，镜头聚焦一双紧握安全套的手（特

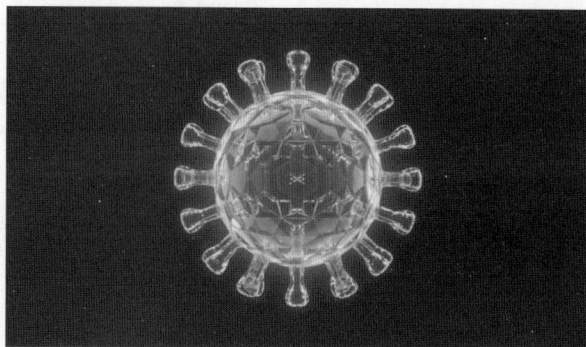

图 2-29   生成内容 2

写),随后拉远展现一对情侣正在微笑对话。

关键帧画面:选用步骤 1 生成的开场关键帧图片。

生成内容:这里仅展示生成的视频内容的关键部分图片,第一张图片为视频开始手握避孕套的画面(如图 2-30 所示),第二张图片为一对情侣微笑着在街道上对话的画面(如图 2-31 所示)。

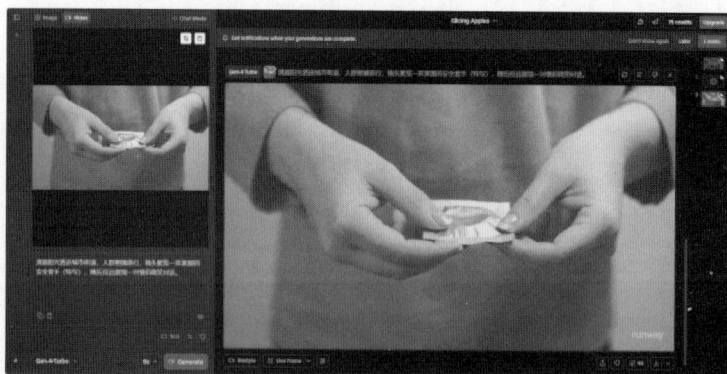

图 2-30   生成内容 3

图 2-31   生成内容 4

（2）第一幕镜头：根据实际生成效果对提示词进行微调，直接使用视频脚本的画面提示词生成的视频效果并不是效果最好的。

提示词：动画演示 HIV 病毒结构（简洁科技感），切换画面到握手的生活场景。

生成内容：这里仅展示生成的视频内容的关键部分图片，第一张图片为 HIV 病毒结构旋转动画画面（如图 2-32 所示），第二张图片为握手画面（如图 2-33 所示）。

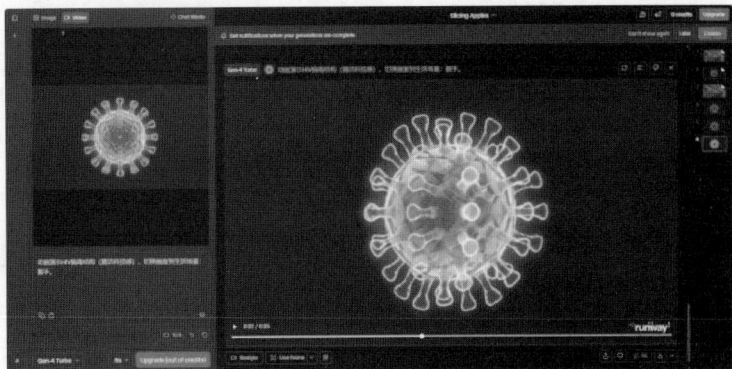
图 2-32 生成内容 5

图 2-33 生成内容 6

2.4.3 项目挑战：生成创意短视频

1. 项目任务

利用 Runway Gen-4 的 AI 视频生成能力，基于给定文案或原创文本，创作一支展现"未来城市"主题的创意短视频。目标是测试参与者对 AI 工具的场景构建、镜头语言设计及叙事逻辑的把控能力，同时探索 AI 生成内容在科幻题材中的应用边界。围绕"未来城市的日常生活切片"展开，文案须包含以下元素。

· 至少 1 个未来科技概念（如反重力交通、生物科技建筑、脑机接口等）；

· 1 组人物互动场景（可虚拟角色或人类）；

- 1个象征"科技与人文冲突/融合"的视觉符号(如废弃机械花、数据星云、全息存储器等)。

2. 项目指引

(1) 根据主题生成视频脚本;
(2) 根据视频脚本生成关键帧画面;
(3) 使用 Runway Gen-4 生成视频;
(4) 预览视频查看效果;
(5) 调整提示词挑选合格视频;
(6) 撰写项目挑战报告。

3. 交流评价与反思

在班级里展示作品,反思在完成项目的过程中遇到了哪些困难,是如何克服这些困难的。

2.4.4　项目知识链接

AI 视频生成(**AI video generation**)是指利用人工智能模型,根据用户输入的自然语言描述、图片、脚本等多模态信息,自动生成具有连贯动作、丰富场景和一致风格的视频内容的技术。主流方法包括文本生成视频(Text-to-Video)、图片生成视频(Image-to-Video)、视频风格迁移与编辑(Video Style Transfer & Editing)、3D/动态场景生成(3D/Dynamic Scene Generation)等。AI 视频生成广泛应用于广告创意、影视制作、教育宣传、短视频内容创作等领域,极大提升了视频生产的效率和创新性。

Runway Gen-4 是 Runway 公司推出的新一代 AI 视频生成平台,具备高动态性视频生成能力,能够呈现真实流畅的动作、精准的主题与风格一致性,并在提示词理解与场景构建方面处于行业领先水平。Runway Gen-4 支持通过自然语言、图片、草图等多种输入方式生成高质量视频,为创意内容生产、广告宣传和科幻题材等领域提供了强大的技术支持。

脚本(**script**)是指以文字形式记录艺术创作内容的文本载体,广泛应用于戏剧、影视、广告等领域。脚本不仅包含台词、情节结构,还包括镜头分解、场景描述、动作指导等细节,是视频生成和拍摄制作的重要基础。在 AI 视频生成流程中,脚本作为内容和镜头设计的蓝本,直接影响生成视频的叙事逻辑和画面效果。

关键帧画面(**keyframe**)是指在动画或视频制作过程中,用于确定画面主要变化节点的关键图片。AI 视频生成平台通常通过输入关键帧画面,结合文字描述,生成符合脚本要求的连贯视频片段。关键帧画面有助于把控视频的视觉风格、场景布局和动作节奏,是实现高质量 AI 视频生成的重要环节。

场景理解(**scene understanding**)是 AI 视频生成模型对输入脚本、提示词或图片内容进行语义分析和空间推理的能力。优秀的场景理解能力能够帮助 AI 准确还原复杂场景、人物关系和情感氛围,实现高度契合创作意图的视频输出。场景理解是衡量 AI 视频生成平台智能化水平的重要指标。

数字化学习

视频讲解

项目 2.5　使用 HeyGen 生成数字人替身

HeyGen 是一款热门的 AI 数字人视频创作平台,致力于简化视频制作过程,让用户能够迅速制作出具有专业水准的数字人视频。HeyGen 的核心优势在于其先进的 AI 技术,不仅赋予用户对视频中数字人物形象的完全控制权,还提供了一个丰富的素材库,包括多样化的背景、插图和文字模板,支持用户打造个性化的宣传视频。在本项目中,我们将探索 HeyGen 在数字人领域的革命性应用,揭示 HeyGen 生成数字人替身的应用流程。本项目将系统性地介绍 HeyGen 平台,以及使用 HeyGen 生成数字人替身的项目活动与项目挑战。

项目学习目标

在本项目中,我们将通过几个应用问题,将解决问题的方法归结为一系列清晰、准确的步骤过程,学习 HeyGen 平台,使用 HeyGen 生成数字人替身。

完成项目学习后,须能回答以下问题。

- 什么是 HeyGen?
- 生成数字人替身需要准备什么样数据?
- 怎么使用 HeyGen 生成数字人替身?

2.5.1　HeyGen 平台介绍

界面及功能

进入官网首页(https://app.heygen.com/)(如图 2-34 所示),单击"免费开始"按钮,注册登录。

选择免费体验即可完成本项目实验,如图 2-35 所示。

进入操作台首页,单击 Create Video 按钮,如图 2-36 所示。

选择横屏或者竖屏内容生成,如图 2-37 所示。

单击 Avatars(如图 2-38 所示),进入创建数字人替身界面。

选择使用图片生成数字替身,如图 2-39 所示。

图 2-34 HeyGen 首页

图 2-35 选择免费体验

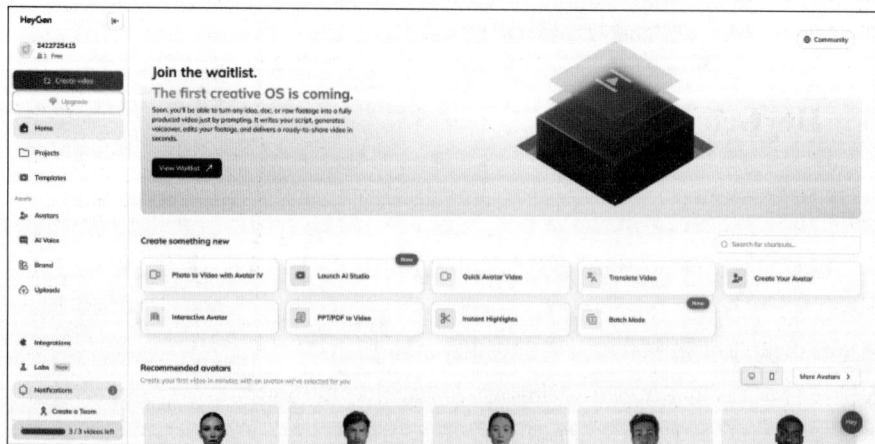

图 2-36 操作台首页

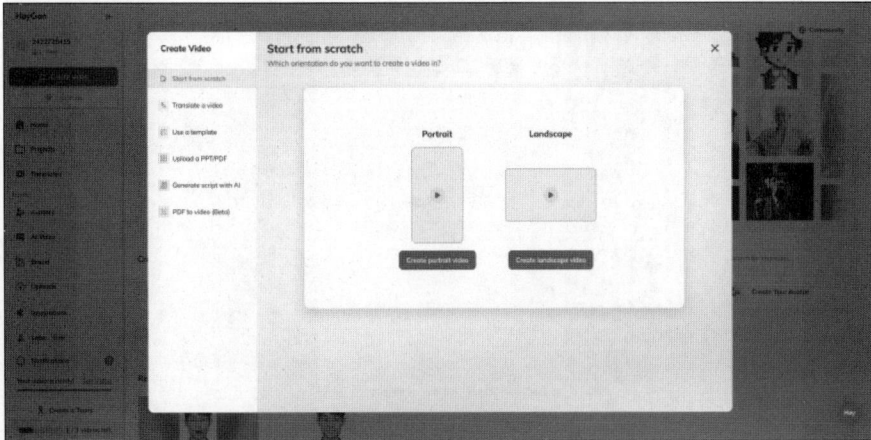

图 2-37　选择横屏或竖屏

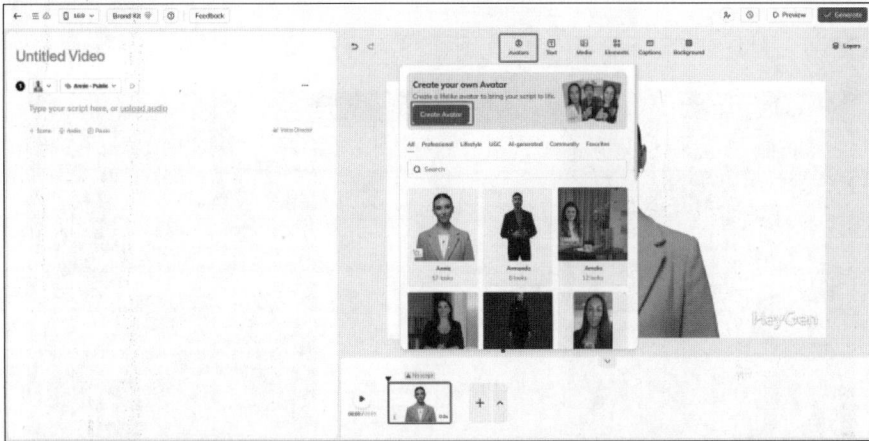

图 2-38　单击 Avatars 按钮

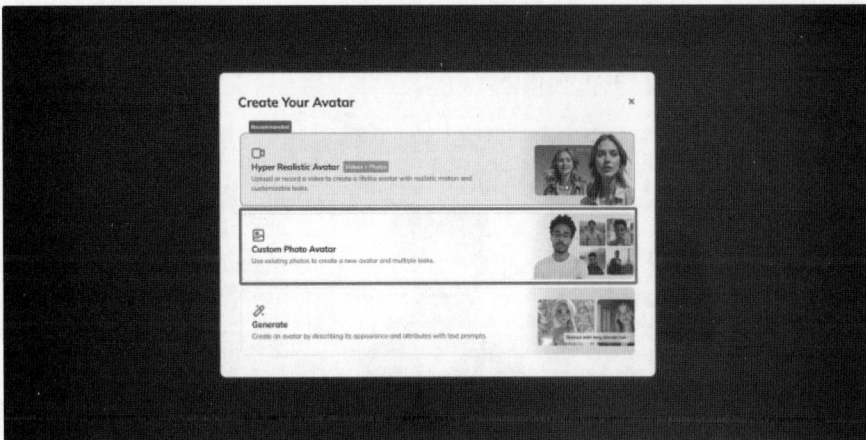

图 2-39　使用图片生成数字替身

导入人物照片,如图 2-40 所示。

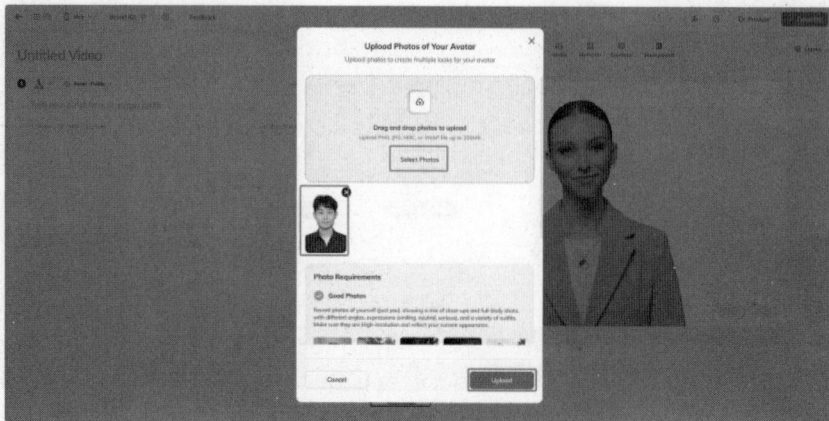

图 2-40　导入人物照片

输入数字人替身名称、年龄等信息,如图 2-41 所示。

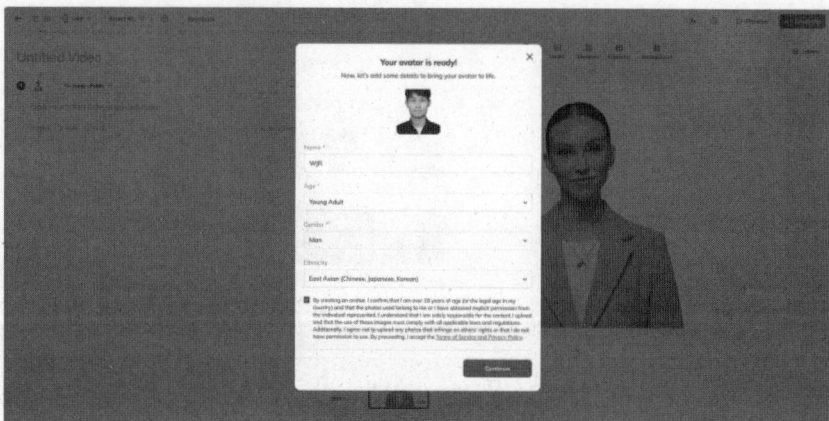

图 2-41　输入数字人替身信息

创建好形象后开始选择声音,如图 2-42 所示。

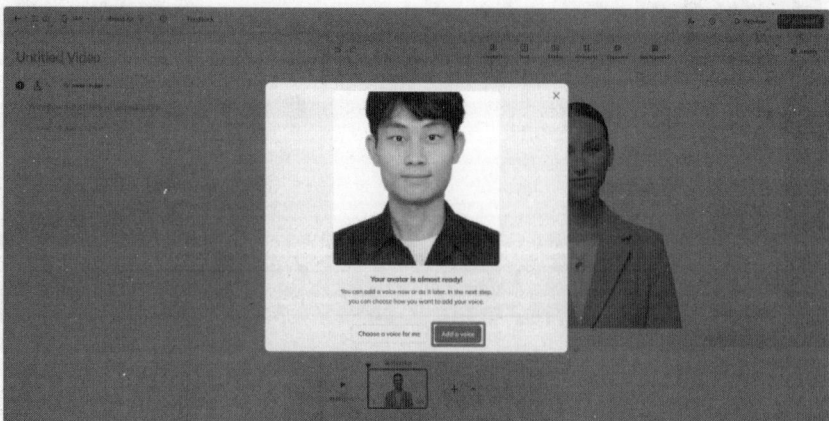

图 2-42　选择声音

这里可以选择克隆自己的声音(如图 2-43 所示),但是该功能需要会员版本。

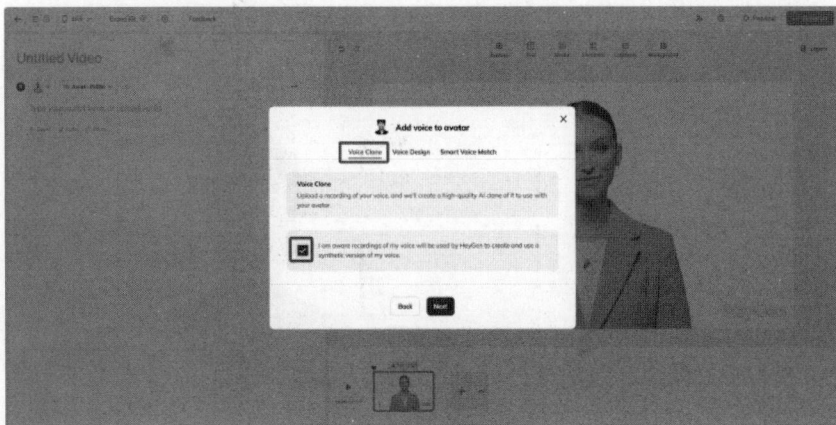

图 2-43　克隆声音

上传一段 2 分钟的声音文件进行克隆,如图 2-44 所示。

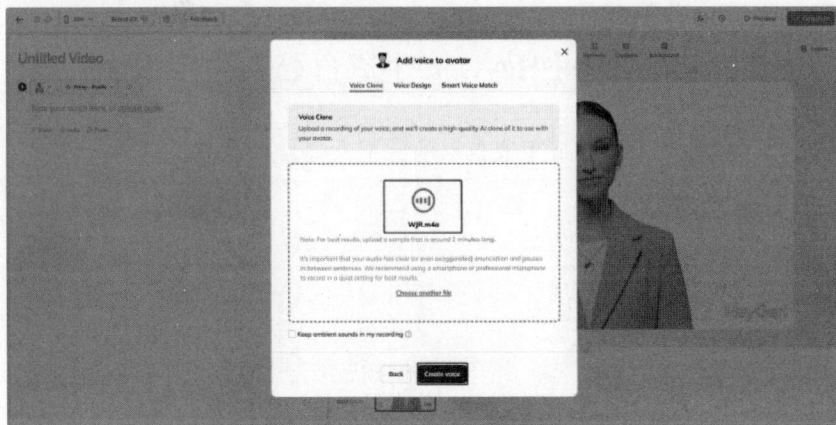

图 2-44　上传声音

免费版也可以选择使用素材库的声音,如图 2-45 所示。

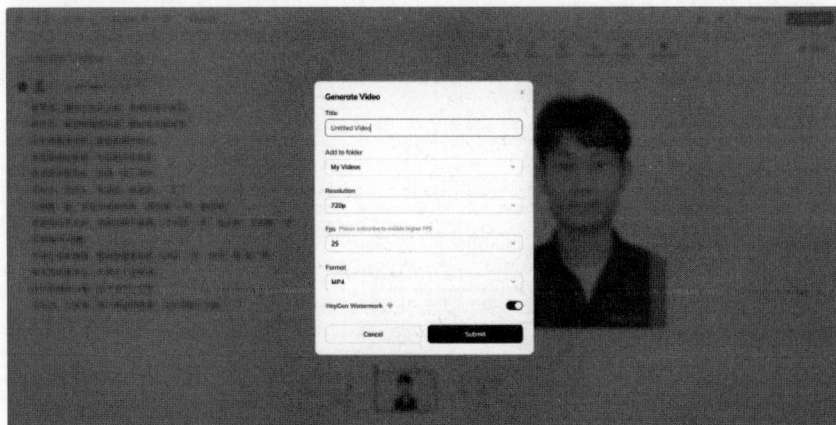

图 2-45　使用素材库声音

数字人替身创建完成,选择生成的数字人替身,输入需要数字人替身说的话即可开始生成数字人替身视频,如图 2-46 所示。

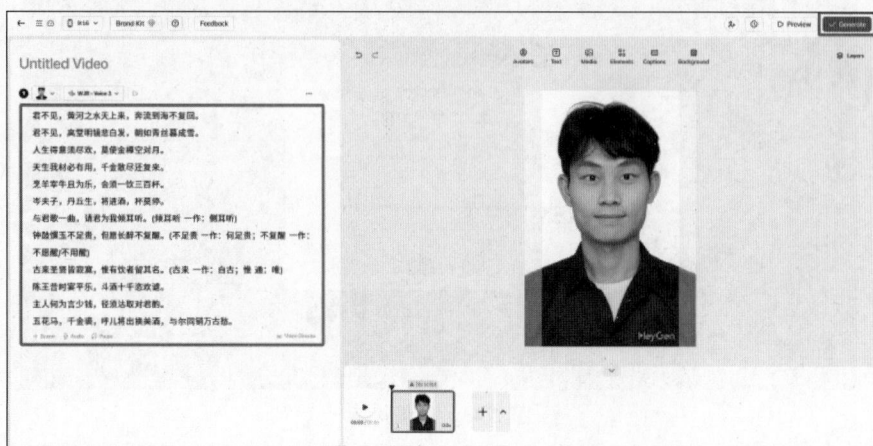

图 2-46　生成内容

2.5.2　项目实验:使用 HeyGen 生成自己的数字人

项目实验内容:使用 HeyGen 生成自己的数字人替身进行诗歌朗诵。

1. 准备内容

提供自身形象图片,并提供如下提示词。

君不见,黄河之水天上来,奔流到海不复回。

君不见,高堂明镜悲白发,朝如青丝暮成雪。

人生得意须尽欢,莫使金樽空对月。

天生我材必有用,千金散尽还复来。

烹羊宰牛且为乐,会须一饮三百杯。

岑夫子,丹丘生,将进酒,杯莫停。

与君歌一曲,请君为我倾耳听。(倾耳听 一作: 侧耳听)

钟鼓馔玉不足贵,但愿长醉不复醒。(不足贵 一作: 何足贵;不复醒 一作: 不愿醒/不用醒)

古来圣贤皆寂寞,惟有饮者留其名。(古来 一作: 自古;惟 通: 唯)

陈王昔时宴平乐,斗酒十千恣欢谑。

主人何为言少钱,径须沽取对君酌。

五花马,千金裘,呼儿将出换美酒,与尔同销万古愁。

2. 生成内容

生成的内容为一段数字人替身朗诵诗歌的视频,这里仅展示生成的界面图片(图 2-47)。

图 2-47　生成内容

2.5.3　项目挑战：使用 HeyGen 创作数字人广告短视频

1. 项目任务

利用 HeyGen 的数字人替身生成能力，基于自身照片和一段广告口播文本，创作一个克隆自身形象的数字人广告短视频。

2. 项目指引

(1) 准备一张自身形象图片和广告口播内容；
(2) 生成数字人替身；
(3) 生成口播广告视频。

3. 交流评价与反思

在班级里展示作品，反思在完成项目的过程中遇到了哪些困难，是如何克服这些困难的。

2.5.4　项目知识链接

数字人（digital human）是指通过计算机视觉、人工智能和动画技术在虚拟空间中创造的具有人类外貌、表情、语音和交互能力的虚拟人物。数字人不仅具备高度的外貌还原度，还能模拟人类的表情、动作和语言交流，广泛应用于广告营销、虚拟主播、在线教育、数字客服等场景。其核心价值在于突破物理界限，提供拟人化的服务与沉浸式体验，推动人机交互向更自然、更智能的方向发展。

数字人替身（digital avatar）是指以真人照片、声音等个人数据为基础，利用 AI 技术生成高度还原个体形象和声音的虚拟分身。数字人替身能够在视频、直播等多媒体场景中替代真人完成内容表达、广告口播、虚拟演讲等任务，具有高度的个性化和可控性。数字人替身的生成通常需要输入人物照片、声音样本及相关描述信息,结合 AI 驱动的图像建模和语音合成模块实现。

语音克隆(voice cloning)是指通过采集和分析个体的声音数据,利用深度学习和语音合成技术,生成与原声高度相似的数字化语音模型。语音克隆能够赋予数字人个性化的声音表现,实现虚拟人物与用户的高度一致性。常见应用包括虚拟主播、个性化语音助手、数字人广告等。

AI 口播(AI voiceover)是指利用 AI 合成技术,根据输入的文本内容,自动生成自然流畅、富有情感的语音播报。AI 口播广泛应用于广告配音、视频解说、智能客服等领域,能够快速、高效地完成大规模内容的语音制作任务。结合数字人技术,AI 口播能够为虚拟人物赋予真实的语言表达能力。

数字化学习

视频讲解

视频讲解

项目 2.6 使用腾讯混元 3D 生成 3D 模型

腾讯混元 3D AI 创作引擎是腾讯公司于 2025 年 1 月 21 日正式推出的 3D 内容生成工具,支持通过文本提示词或上传图片直接生成高质量三维模型。该引擎基于混元 3D 生成大模型 2.0 版本,在几何结构精度与纹理表现方面较前代显著提升,支持 glb、fbx、obj 等主流格式文件导出。在本项目中,我们将探索腾讯混元 3D 在 3D 内容生成方面的革命性应用,揭示腾讯混元 3D 生成 3D 内容的应用流程。本项目将系统性地介绍腾讯混元 3D 平台,以及使用腾讯混元 3D 生成 3D 模型的项目实验与项目挑战。

项目学习目标

在本项目中,我们将通过几个应用问题,将解决问题的方法归结为一系列清晰、准确的步骤过程,学习腾讯混元 3D 平台,使用腾讯混元 3D 生成 3D 模型。

完成项目学习后,须能回答以下问题:
- 什么是腾讯混元 3D?
- 使用腾讯混元 3D 生成模型需要准备什么样数据?
- 怎么使用 HeyGen 生成数字人替身?

2.6.1　腾讯混元 3D 介绍

界面及功能

进入腾讯混元 3D 官网首页（https://3d.hunyuan.tencent.com/login）（如图 2-48 所示），单击"登录"按钮，进行注册登录。

图 2-48　腾讯混元 3D 首页

默认进入 AI 创作页面，如图 2-49 所示。除 AI 创作页面外还有实验室、工作流、资产页面。

图 2-49　创作页面

在 AI 创作页面中，用户可以根据需求选择"文生 3D"或"图生 3D"两种模式进行 3D 模型生成。文生 3D 模式支持用户通过输入文字描述，由 AI 自动生成相应的 3D 模型，适合快速创意表达和初步建模。图生 3D 模式则更适合对模型精度有较高要求的用户，只需上传单张或多张照片，即可借助腾讯混元 3D 技术实现高精度的 3D 模型还原，能够细致展现物体的结构与纹理,如图 2-50 所示。若用户希望获得更为精确和真实的 3D 模型,建议优先选择图生 3D 模式,并上传多角度、高质量的图片。整个 AI 创作界面操作简便,能够高效满足不同场景下的 3D 建模和创作需求。

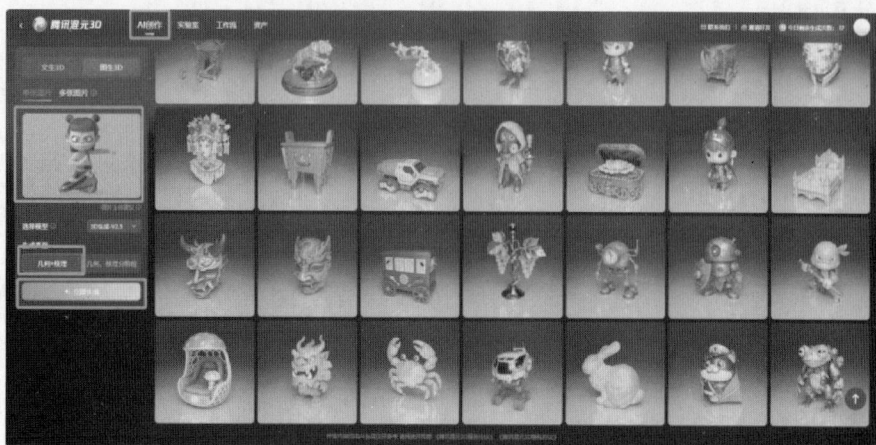

图 2-50   图生 3D

生成 3D 模型后可选 GLB、OBJ、FBX 等格式下载文件,如图 2-51 所示。

图 2-51   下载模型文件

2.6.2   项目实验:使用腾讯混元 3D 生成敖丙 3D 模型

项目实验内容:使用腾讯混元 3D 生成敖丙 3D 模型。

1. 准备内容

准备一张或多张敖丙图片。

2. 生成内容

使用腾讯混元 3D 生成图 2-52 所示的敖丙 3D 模型。

图 2-52　生成内容

2.6.3　项目挑战：使用腾讯混元 3D 生成 3D 游戏角色

1. 项目任务

利用腾讯混元 3D 模型，构建一个端到端的完整流程，实现从用户上传的单张图片或文本描述，自动生成可用于动画驱动的 3D 游戏角色。用户可以上传 2～4 张角色照片（建议包括 45°侧视图和正视图），系统将基于这些图片生成带有合理拓扑结构的高质量 3D 模型。随后，通过混元 3D 的骨骼绑定功能，为角色自动添加标准人形骨骼结构，并对模型进行动画重定向测试，确保生成的 3D 角色能够流畅地执行各类标准动作，满足游戏开发和动画制作的需求。

2. 项目指引

（1）收集人物图片：准备并整理角色的 2～4 张不同角度的照片，建议包括正视图和45°侧视图，以提升建模的准确性和细节还原度。

（2）生成 3D 模型：将收集到的照片上传至系统，利用腾讯混元 3D 技术自动生成带拓扑结构的 3D 角色模型。

（3）预览 3D 模型效果：在系统界面中查看生成的 3D 模型，检查模型的整体外观、细节表现以及结构完整性。

（4）骨骼绑定：使用混元 3D 的骨骼绑定功能，为模型添加标准人形骨骼，确保后续动画驱动的兼容性。

（5）动画重定向：选择一段标准的人物动作动画，对骨骼绑定后的模型进行动画重定向测试，验证角色的动作表现是否自然、流畅。

（6）查看模型动画效果：在系统中实时预览模型的动画效果，评估最终成果，并根据需要进行调整优化。

3. 交流评价与反思

在班级内展示每位同学的 3D 角色作品，分享制作经验。结合实际操作过程，反思在项目实施过程中遇到的主要困难，例如图片采集不规范、模型生成不理想、骨骼绑定异常、动画动作不协调等，并讨论同学们是如何通过查阅资料、团队协作、反复测试等方式逐步克服这些问题的。

2.6.4　项目知识链接

腾讯混元 3D（Tencent Hunyuan 3D）是腾讯公司推出的 AI 3D 模型生成平台，基于混元 3D 生成大模型 2.0 版本，具备高精度几何建模与高质量纹理生成能力。平台支持文本生成 3D（Text-to-3D）、图片生成 3D（Image-to-3D）等多种创作模式，能够导出 GLB、OBJ、FBX 等主流 3D 文件格式，满足不同场景下的 3D 内容需求。腾讯混元 3D 还提供骨骼绑定、动画重定向等进阶功能，助力用户实现 3D 角色的动态驱动与交互体验。

动画重定向（animation retargeting）是指将已有的动画数据应用到不同的 3D 模型或骨骼结构上，实现动作复用和跨角色动画迁移。动画重定向依赖于标准化骨骼结构和动作映射算法，广泛应用于游戏开发、虚拟人驱动、影视动画等场景，极大提高了动画制作的灵活性和效率。

3D 模型格式（3D model formats）是指用于存储和交换三维模型数据的文件标准。常见格式包括 GLB（GL Transmission Format Binary）、OBJ（Wavefront Object）、FBX（Filmbox）等。不同格式支持的内容和兼容性有所区别，用户可根据实际需求选择合适的格式进行模型下载与应用。

数字化学习

视频讲解

单元项目挑战

1. 项目任务

利用 AIGC（人工智能生成内容）工具，完成以下创作任务。首先，进行剧本生成，用户只需输入关键词(如"赛博朋克侦探""东方神话冒险"),AI 即可自动生成一个约 5 分钟短剧的剧本大纲,包括主要情节和角色设定。接着,进行视觉风格设计,利用 AI 创作工具生成与剧本设定相符的关键帧画面(如黏土动画、三维写实、吉卜力风格等),并确保角色在不同场景中的形象保持一致。随后,开展动态分镜优化,针对 AI 生成的打斗或复杂动作场景,对分镜进行调整,重点解决"人物口型与对白不同步""群像人脸崩坏"等常见问题,提升动画表现力。最后,利用 AI 音效工具为短剧自动生成与剧情氛围相匹配的背景音乐和音效,完善视听体验。

2. 项目指引

(1)调研完成单元挑战任务需要使用的 AIGC 工具:查找并了解当前主流的 AI 剧本生成、AI 绘画、AI 动画优化及 AI 音效合成工具,分析各自的优缺点和适用场景。

(2)使用 AIGC 工具生成各部分内容:根据剧本、视觉、动画、音效等不同环节,分别使用相应的 AI 工具进行内容创作,初步完成短剧的各项素材。

(3)优化内容:对 AI 生成的剧本、画面、动画、音效等进行人工审核和优化,调整不合理之处,确保整体风格统一、内容流畅。

(4)内容合成:将剧本、视觉、动画、音效等多种元素进行整合,合成为完整的 5 分钟短剧样片。

(5)撰写项目挑战报告:总结本次项目的实施过程、所用工具、创作心得、遇到的问题及解决方案,形成书面报告。

3. 交流评价与反思

在班级内展示每组或个人的短剧作品,介绍各自的创作思路和实现过程。集体讨论在项目推进过程中遇到的主要困难,例如 AI 生成内容不符合预期、角色风格不统一、动画与配音不同步、音效不自然等;分享大家是如何通过多次尝试、优化参数、人工修正等方式逐步克服这些问题。鼓励同学们总结经验,提升对 AIGC 工具的理解和实际应用能力,为未来的数字内容创作积累宝贵经验。

单元小结

本单元系统性地介绍了 AIGC 的核心概念与应用方法,包括关键技术(如深度学习、生成对抗网络、大语言模型等)以及在各领域的创新应用。采用"理论+实践"模式,特别设计了 6 个项目实验与 6 个项目挑战,引导学生运用主流 AIGC 工具完成多模态内容创作:项目 1 实现小游戏代码生成,项目 2 探索图像生成,项目 3 实现 AI 音乐作曲,项目 4 完成 AI 生成短视频,项目 5 制作数字人替身,项目 6 进行 3D 模型构建。通过这一系列实践,学生不仅掌握了 AIGC 工具的操作方法,更深入理解了人机协同创作的新范式。

单元 3 智能体应用

随着人工智能技术的持续突破和大数据基础设施的不断完善,Agent(智能体)的应用边界正在持续拓展。它不仅能够在传统的信息检索和数据分析任务中展现出强大的能力,更在知识图谱构建、智能推荐系统、自动化决策等新兴领域中扮演着不可或缺的角色。例如,在教育领域,Agent 智能体能够根据学生的学习行为和知识结构,动态调整教学策略,实现真正意义上的因材施教;在医疗领域,Agent 可以整合多源异构数据,辅助医生进行更为精准的诊断和治疗方案制定;在制造领域,Agent 则能够对生产流程进行实时监控和智能调度,大幅提升资源利用效率和生产安全性。

本单元将基于 Dify 平台,带领大家系统性地探索 Agent 在信息处理、知识管理、决策支持等领域的创新应用,通过沉浸式实践项目体验 Agent 的强大能力,深入理解其背后的技术原理,并掌握如何灵活运用这些工具解决真实场景中的复杂问题。我们不仅将学习 Agent 的基本架构和核心算法,还将关注其在实际部署中的挑战与对策,包括数据安全、隐私保护、系统可扩展性等关键问题。通过案例分析与项目实践,大家将有机会亲自设计和实现面向特定应用场景的 Agent 解决方案,全面提升理论素养与工程实践能力。

我们将亲身体验 Agent 如何将抽象问题转化为可执行的解决方案,掌握从需求建模到工具适配的全流程操作方法。通过实际操作,大家将学会如何将复杂的业务需求转化为清晰的任务分解,如何选择和集成合适的智能工具,如何评估和优化 Agent 的运行效果。最终,大家将具备独立构建和应用 Agent,解决各类复杂现实问题的能力,为未来的智能社会建设打下坚实基础。

学习目标

- 了解 AI 智能体。
- 了解 AI 智能体的应用。
- 掌握 AI 智能体的创建。
- 掌握工作流的搭建流程与智能体的使用。

项目 3.1　了解智能体和工作流

3.1.1　AI 智能体概述

1. 智能体与 AI 智能体的区别

智能体与 AI 智能体的核心区别如表 3-1 所示。

表 3-1　智能体与 AI 智能体的区别

比 较 项 目	智 能 体	AI 智 能 体
技术基础	需要预先定义规则	基于机器学习深度学习模型
学习能力	无法自主优化	持续从数据中学习
环境动态性	规则死板,流程固定	规则开放,需求开放
智能性	低(需人工设定规则)	高(可根据环境自适应变化)

通过表 3-1 中的对比可以看出,AI 智能体代表了智能体技术的未来发展方向,凭借其强大的学习与适应能力,正在推动各行各业的智能升级与创新应用。

2. 智能体的发展历程

智能体的发展历程经历了从**简单规则驱动**到**数据驱动智能**的演进。早期智能体(如工业自动化系统)依赖预设逻辑完成固定任务,20 世纪 90 年代随着专家系统和多智能体协同技术的兴起,智能体开始具备基础推理能力;进入 21 世纪后,机器学习与深度学习的突破催生了 **AI 智能体**,使其能够通过数据训练自主优化决策(如 AlphaGo、自动驾驶),而近年来大语言模型(LLM)的爆发进一步推动智能体向多模态感知、拟人化交互和通用人工智能(AGI)方向发展,例如能同时处理语音、图像和文本的 GPT-4o,标志着智能体从工具化向个性化的跨越。

3. 智能体的核心能力

智能体的核心能力体现在其能够主动感知和理解环境信息,实时高效地分析与处理来自多源传感器或数据流的数据,并基于当前情境自主做出合理决策与行为选择,通过持续的学习与优化过程不断提升自身性能和适应能力。智能体不仅依靠知识推理和任务规划等高级认知机制,能够动态应对复杂、不确定甚至变化的外部环境,实现对目标导向任务的高效完成,还具备多模态交互能力,能够灵活处理语音、图像、文本等多种信息形式,提升与人及其他系统的协作效率。在实际应用中,智能体还需严格遵循安全合规要求,确保数据安全、隐私保护及行为可控,同时具备与其他智能体或系统协同合作的能力,共同完成更大规模、更复杂的任务。通过这些能力的有机结合,智能体实现了高度的自主性、环境适应性与持续进化能力,成为推动智能系统落地与创新应用的核心动力。

4. 智能体的发展趋势

智能体的发展趋势正朝着**多模态融合、自主决策增强、集群协作普及、垂直场景深化**和**人机协同重构**的方向加速演进。多模态大模型(如 Gemini 2.0、Sora)推动智能体实现跨模态感知与交互,显著提升医疗诊断、零售体验等场景的智能化水平;自主决策能力从辅助转向执行,2025 年预计 15% 的日常工作决策将由 Agentic AI 完成,微软、OpenAI 等企业推出的 Operator 等智能体已能独立处理订餐、数据分析等任务;多 Agent 系统(如 OpenAI Swarm)通过分工协作优化供应链、金融风控等复杂流程,成为企业数字化转型的核心工具;垂直领域(如医疗 AlphaFold3、京东智能客服)的深度应用推动行业效率跃升,同时低代码平台降低开发门槛,加速中小企业落地;而人机关系从"AI 辅助"向"AI 主导"转变,催生数字员工与新型职业,形成"人类创意＋机器执行"的协作范式。

5. 智能体的应用场景

智能体分为传统智能体和 AI 智能体,它们的应用场景广泛覆盖传统自动化和现代 AI 驱动领域。

传统智能体多用于规则明确的场景:

- **工业自动化**:生产线机械臂、仓储物流机器人(如 AGV 小车)。
- **基础设施管理**:智能电网调度、交通信号灯控制系统。
- **基础服务**:规则型客服机器人(如银行 IVR 电话系统)、自动化测试脚本。

AI 智能体多用于复杂动态的场景:

- **医疗健康**:AI 医学影像分析(如腾讯觅影)、个性化诊疗建议(如 IBM Watson)。
- **金融科技**:智能投顾(如蚂蚁财富 AI 顾问)、反欺诈风控系统。
- **消费服务**:智能客服(如阿里小蜜)、AI 购物助手(如亚马逊推荐系统)。
- **自动驾驶**:L4 级自动驾驶系统(如 Waymo、Tesla FSD)。
- **多模态交互**:虚拟助手(如 GPT-4o 语音交互)、AI 社交伴侣(如 Replika)。
- **企业智能化**:AI 流程自动化(RPA＋AI)、智能数据分析 Agent(如 Tableau GPT)。

6. 常见的 AI 智能体平台

(1) Dify 智能体平台。

Dify 是一款面向开发者的开源生成式 AI 应用开发平台,致力于降低 AI 应用构建门槛。该平台采用 BaaS(后端即服务)与 LLMOps 相结合的架构,支持 GPT-4、Claude、Llama 等主流大语言模型的快速接入与灵活切换,并提供可视化编排工具实现复杂 AI 工作流的拖曳式搭建。平台核心功能包括 RAG 知识库增强、多模型智能体开发、实时监控分析等,支持从原型设计到生产部署的全生命周期管理。其开箱即用的企业级特性(如私有化部署、权限管理、A/B 测试)和模块化架构(基于 Python/Flask＋Next.js),使得金融、医疗、教育等行业客户能快速构建智能客服、文档分析、数据报表等场景化应用,平均可降低 60% 的 AI 开发成本。图 3-1 显示了本地部署的 Dify 智能体。

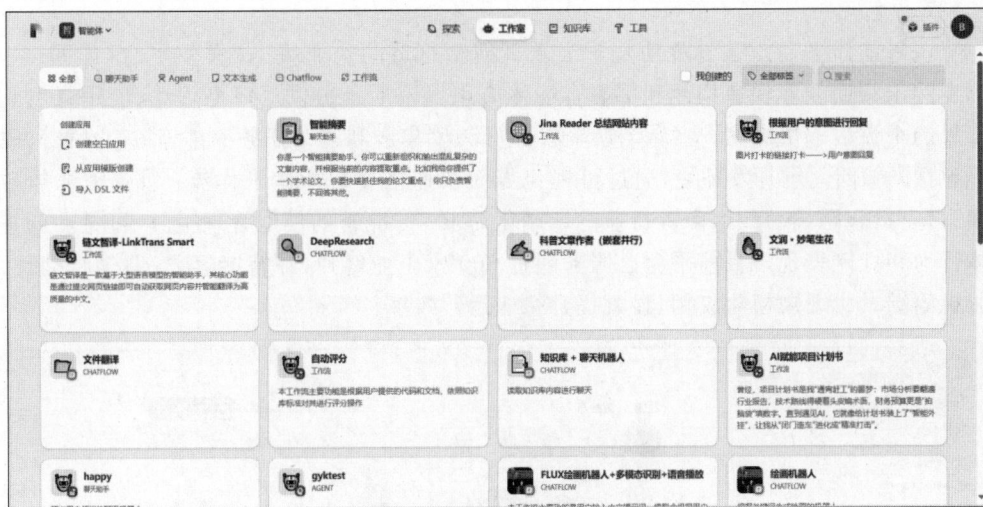

图 3-1　本地部署 Dify 智能体

（2）讯飞星火智能体。

讯飞星火智能体平台是科大讯飞公司推出的企业级 AI 解决方案，旨在通过大模型技术赋能企业数智化转型，解决大模型落地的"最后一公里"难题。平台以自研大模型为核心，整合智能体、任务链和知识库三大模块，支持企业快速构建专属 AI 助手，实现任务理解、规划与执行的全流程自动化。平台提供零代码/低代码开发方式，支持拖曳式操作和语音操控，可灵活链接内外部信源（如 OA、CRM 系统）及私域知识库，覆盖办公、管理、科创、生产等多个场景。目前，平台已集成 400＋AI 原子能力、90＋外部信源和 100＋内部 IT 系统，并预置 32 个行业智能体（如商机助手、评标助手），显著提升企业效率，如代码开发采纳率达 38%、评标准确率达 98%。此外，平台持续升级，结合讯飞星火 V4.0 的多模态能力，进一步强化个性化交互与行业适配性，成为推动企业发展新质生产力的关键工具，如图 3-2 所示。

图 3-2　讯飞星火智能体广场

（3）豆包。

豆包智能体平台是字节跳动基于云雀大模型打造的企业级 AI 开发平台（如图 3-3 所示），专注于帮助企业快速构建和部署智能体应用。该平台提供从模型训练、应用开发到服务部署的全流程解决方案，支持多模态交互、知识库集成和复杂任务编排等核心功能。平台特色包括：①低代码开发环境，通过可视化界面快速搭建智能体工作流；②强大的领域适配能力，支持金融、教育、电商等行业的定制化需求；③完善的模型管理工具，可灵活调整智能体行为和性能表现。目前平台已服务超过 500 家企业客户，在智能客服、营销自动化、数据分析等场景实现规模化应用，显著提升企业运营效率。

图 3-3　讯飞星火智能体广场

（4）文心一言。

文心一言（现升级为文小言）是百度推出的知识增强大语言模型 AI 助手（如图 3-4 所示），基于百度自研的 ERNIE 架构和文心大模型技术，深度融合知识图谱与多模态能力，具备强大的中文语义理解与文化内容生成能力。该平台支持文本、语音、图片、文档等多种交互方式，覆盖日常问答、多模态创作（图文/语音生成）、营销文案设计、代码辅助开发等多样化场景，尤其擅长中文语境下的深度语义理解与本土化表达。2025 年升级为文小言后，新增富媒体搜索、记忆个性化、自由订阅等 AI 原生功能，并集成文心大模型 4.0 能力，月活用户已突破千万，日均调用量超 2 亿次。相较于技术推理导向的模型（如 DeepSeek），文小言更侧重大众化应用，提供更丰富的交互界面和中文优化体验，目前支持 iOS、安卓、Windows、Mac 全平台使用。

（5）通义千问。

通义千问（Qwen）是阿里巴巴推出的开源大语言模型系列，基于阿里云自研的混合推理架构与 MoE（混合专家）技术，已成为中国 AI 开源生态的标杆性产品（如图 3-5 所示）。2025 年 4 月发布的 Qwen3 系列实现了三大突破：混合推理动态计算、2350 亿参数 MoE 架构创新及全栈开源工具链支持，在代码生成、数学推理等专业领域性能超越 DeepSeek-R1、Grok-3 等国际主流模型，逼近谷歌 Gemini-2.5-Pro 水平。该平台通过通义 App、网页端及 API 服务提供多模态交互，支持文本、图像、音频处理和复杂任务分解，特别强化了中文语境

图 3-4　文心一言智能体

下的逻辑推理与创造性问题解决能力。2025 年升级后,其旗舰模型 Qwen3-235B-A22B 在权威测试中代码生成准确率达 92.3%,高考数学题解题成功率达 81.5%,同时通过动态门控机制实现算力消耗降低 40%。相较于应用导向的文小言,通义千问更注重开发者生态建设与技术突破,提供从 0.5B 到 235B 的全尺寸模型矩阵及配套工具链,已成为全球衍生模型数量最多的开源项目,超过 9 万开发者基于其构建行业解决方案。目前支持 119 种语言与方言,覆盖端侧设备到云端集群的全场景需求。

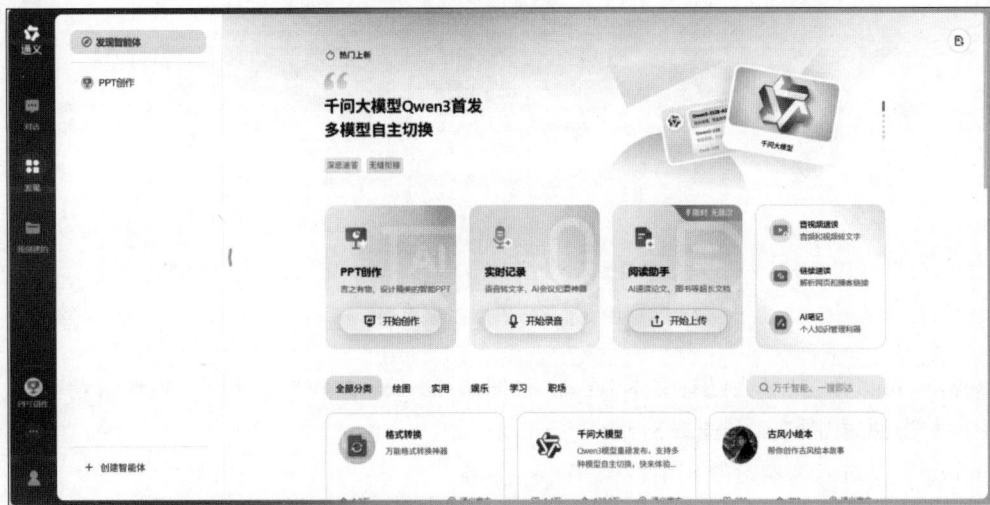

图 3-5　通义千问智能体

3.1.2　Dify 平台与工作流

工作流(workflow)是一种实现业务流程自动化管理的技术手段。通过对各个任务节点的科学设置和预设规则的灵活配置,工作流能够将任务、数据、人员或系统按照既定顺序有机串联起来,实现任务的自动流转与高效协同。其核心价值不仅在于显著提升组织的运作效率,还能有效减少因人为疏忽带来的错误和遗漏。同时,工作流系统通常具备实时监控、自动预警和流程优化等功能,使管理者能够对业务流程的执行情况进行全程把控和持续改进。

在本单元的其他项目实验中,我们将以 Dify 平台为基础,深入体验如何通过平台的工作流编排和智能体调度,实现复杂任务的自动化与智能化。通过图形化界面,用户可以轻松拖曳、配置各类工作节点,将 AI 智能体、数据处理、人工审核等环节灵活组合,形成适应不同业务场景的自动化流程。

1. Dify 知识库的使用

知识库(knowledge base)是集中存储、管理和共享知识的智能系统,通过结构化分类和智能检索技术,将企业文档、产品资料、常见问题等各类信息高效整合。它不仅能实现快速精准的知识查询,减少重复性工作,还能作为 AI 智能体(如智能客服、RAG 系统)的核心数据源,通过持续学习优化知识体系。知识库支持多终端访问与权限管理,保障数据安全,帮助团队提升协作效率、统一信息口径。常见的 AI 智能体平台一般都包含知识库,Dify 平台也不例外。接下来将通过下述步骤,带领读者学习知识库的使用。

(1) 如何搭建知识库?

首先进入知识库页面,单击"创建知识库",如图 3-6 所示。

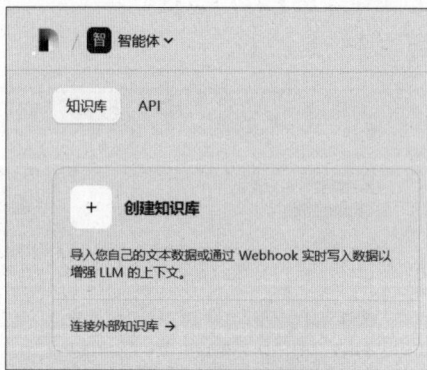

图 3-6　知识库创建页面

然后,可以单击"导入已有文本"或者"自同步 Notion 内容""同步自 Web 站点"来选择知识库数据源,如图 3-7 和图 3-8 所示。

第一步　进入文本分段和清洗操作。

在这一步可以进行文档的分段设置,如分段最大长度、分段标识符等。包括选择 Embedding 模型、索引设置、检索设置等功能,使知识库里的文档更加规整,以便调用知识库时,大模型可以更精确地获取对应的信息,具体操作如图 3-9 和图 3-10 所示。

第二步　根据给定的查询文本进行召回测试。

知识库建立成功后,可以输入文本去检测知识库里所有文件对应的 SCORE 评分为多少,对不满意的部分可以进行微调,如图 3-11、图 3-12 所示。

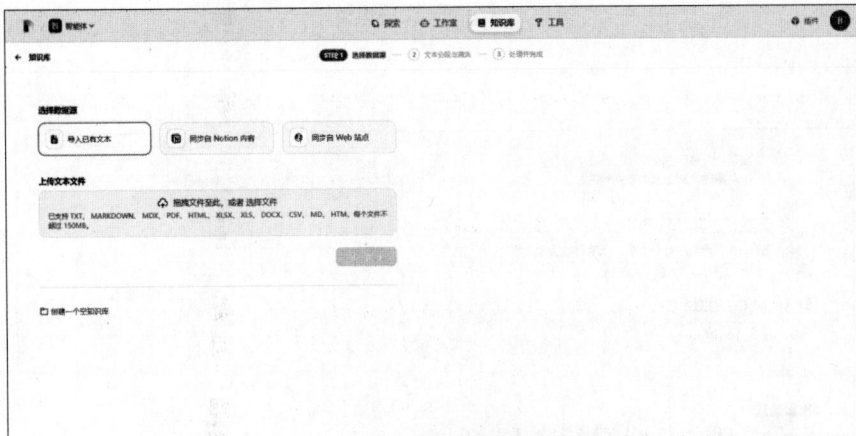

图 3-7 知识库数据源选择一

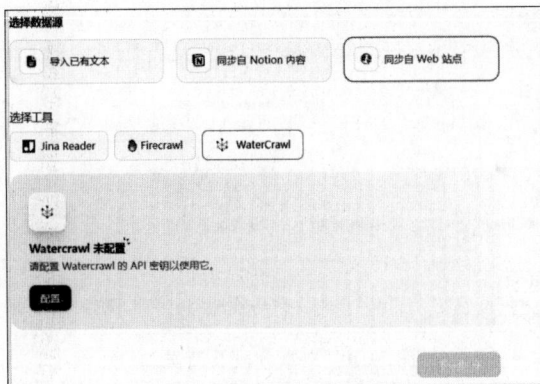

图 3-8 知识库数据源选择二

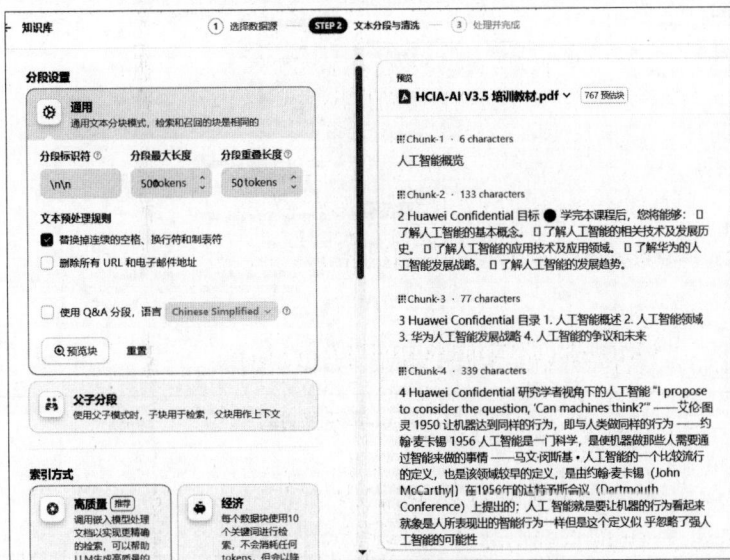

图 3-9 文本分段及清洗一

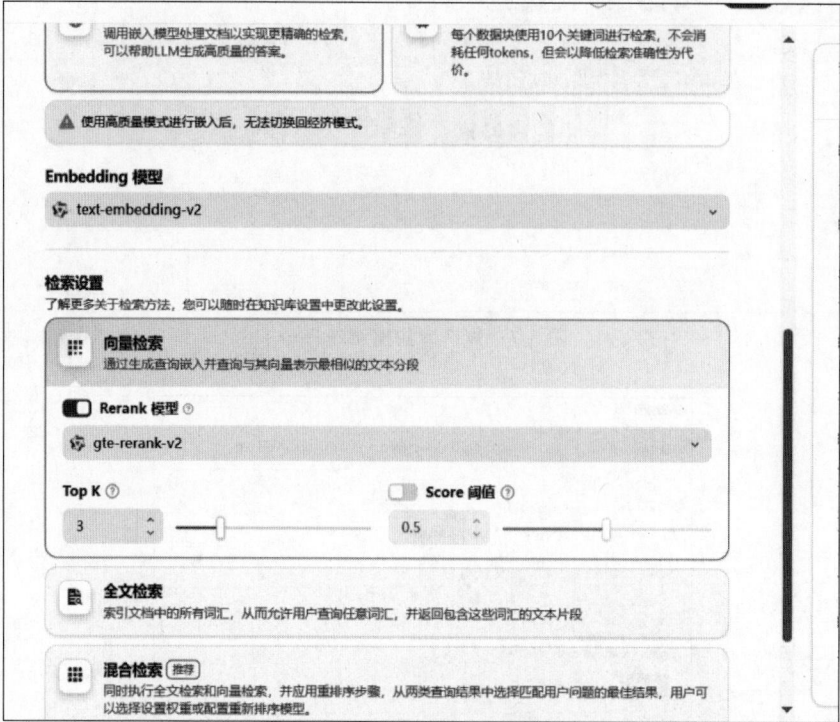

图 3-10　文本分段及清洗二

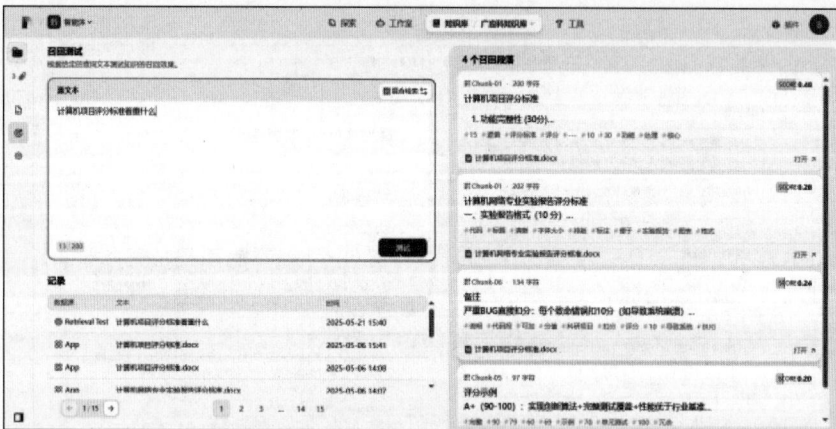

图 3-11　知识库召回测试一

图 3-12　知识库召回测试二

2. Dify 工作流

用户在创建工作流时，如果没有头绪，可以看看由 Dify 官方提供的工作流模板，并对其进行编排，如图 3-13 和图 3-14 所示。

图 3-13　选择创建的应用类型

图 3-14　官方模板工作流

创建完成后,接下来查看工作流编排操作。

这里以自动评分工作流作为示例(如图 3-15 所示),我们可以新建对应的节点去编排工作流,这些节点包括对知识库的检索、Agent 智能体调用、条件分支、文档提取等许多功能。也可以为对应节点添加注释,使工作流更加通俗易懂。

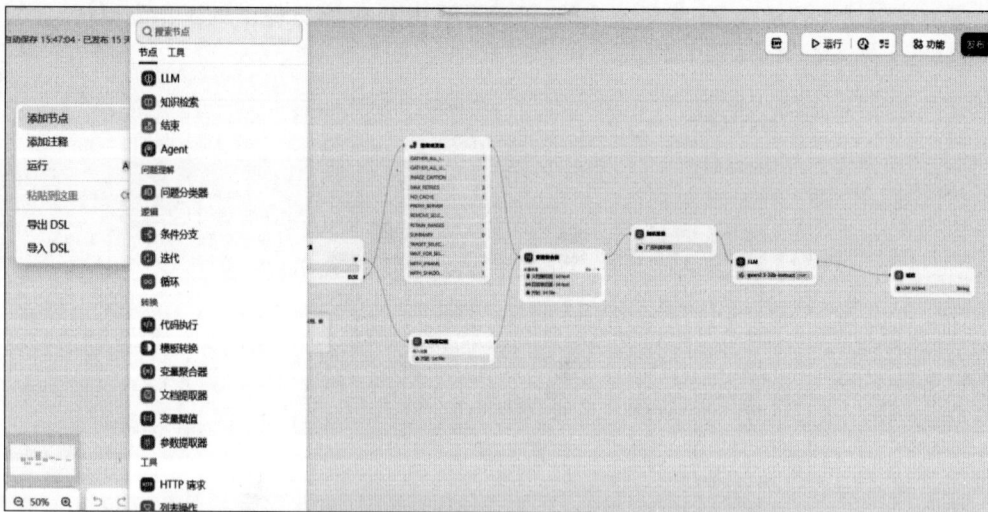

图 3-15　自动评分工作流

在开始节点可以添加输入字段,添加参数,如图 3-16 所示。对应字段为运行后的对应属性,其中变量可以选择文本上传、文本、段落、下拉选项、数字等多种变量,同时设置对应的属性。

然后来到条件分支部分,在这个分支,我们做出判断,如图 3-17 所示。如果传来的参数 file 存在且为文档,则放入文档提取器,反之则直接结束节点。

图 3-16 开始节点

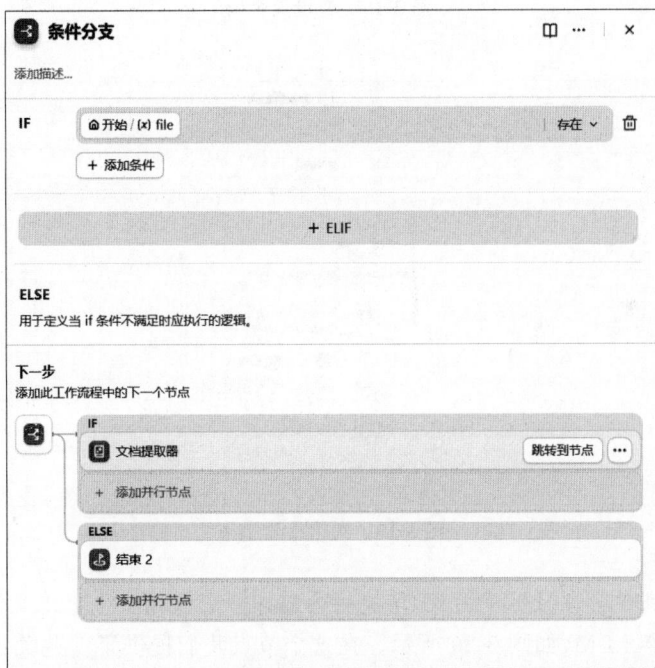

图 3-17 条件分支

紧接到变量聚合器节点（如图 3-18 所示），获取开始节点的传参，并进行处理传入知识库，这里传入的参数为开始节点的参数，即文档、编程语言、评分要求、额外说明等。

紧接着进入知识检索节点（如图 3-19 所示）。在这个节点，我们传入参数 grade，这个参数是开始界面时用户选择的评分标准，传入后该节点会在知识库里找到对应的评分标准进行评分，如果有对应的评分标准则采用，没有则根据 LLM 节点设置的提示词进行评分操作。

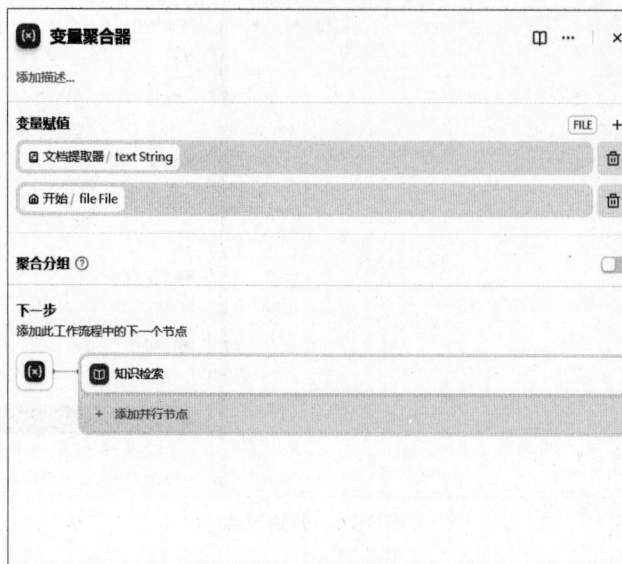

图 3-18　变量聚合器

图 3-19　知识检索节点

在知识库找到对应评分标准后,工作流将会对评分文档和学生上传文档进行评分,我们添加了一个新节点 LLM,如图 3-20 所示。在这个节点我们提供了一些关键词,让大模型可以更好地按照我们的要求去生成对应的内容。同时也可以选择想要的模型,这里我们以 Qwen32B 为例,如图 3-21 所示。

最后在结束节点将 LLM 节点刚生成的内容输出出来(如图 3-22 所示),这就是一个完整的自动评分工作流。

3. Dify 模型选择

Dify 平台对市面上大部分大模型都兼容。读者可以在 Dify 平台设置界面中选择自己想要的模型供应商(如图 3-23 所示),进行下载,并提供自己的 API-KEY。提供完毕后即可

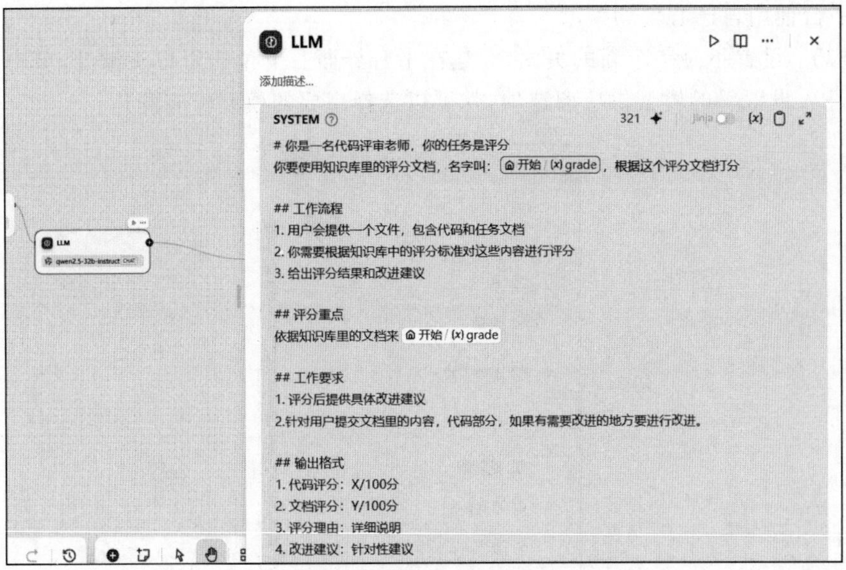

图 3-20　节点 LLM

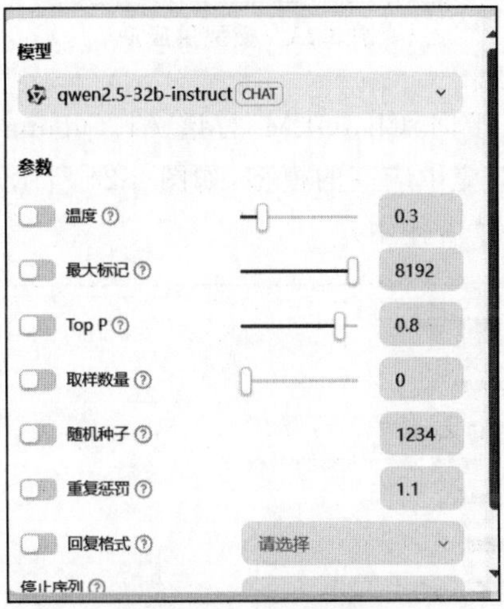

图 3-21　模型选择

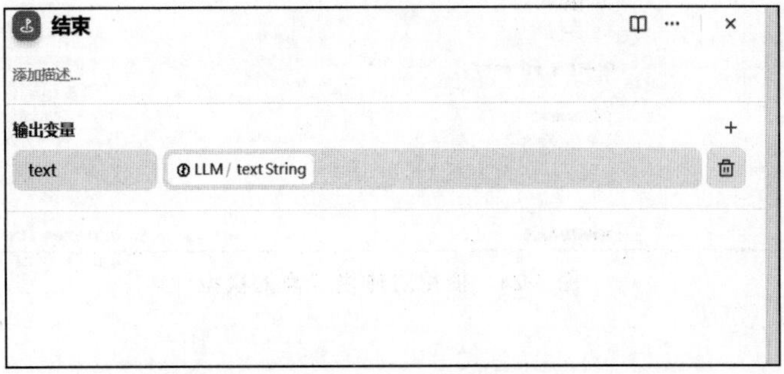

图 3-22　LLM 节点内容输出

在 Dify 平台使用自己心仪的模型

　　小技巧：设置不是一个新的页面，而是在平台界面右上角的用户头像处，单击后即可看到设置，进入设置里的模型供应商选项，就可以选择想要的模型供应商。

图 3-23　模型供应商

　　在这里我们下载了通义千问、ChatGLM、智谱 AI、Ollama 等供应商，读者提供对应的 API-KEY 后即可正常使用对应供应商的模型，如图 3-24 所示。除此之外还有其他大模型供应商的模型也可以下载供读者使用。

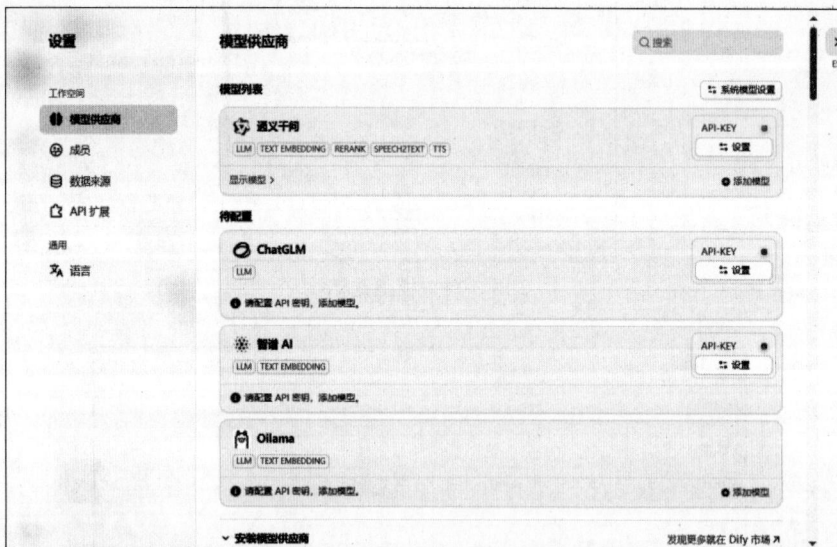

图 3-24　使用对应供应商的模型

4. Dify 智能助手

讲解完工作流后,我们再来展示 Dify 的智能助手。回到图 3-13 创建页面,选择创建智能助手,创建成功后可以通过编排提示词和设置变量、是否调用知识库作为上下文进行个性化设置。这里我们以一个简单的对话机器人为例,如图 3-25 所示。

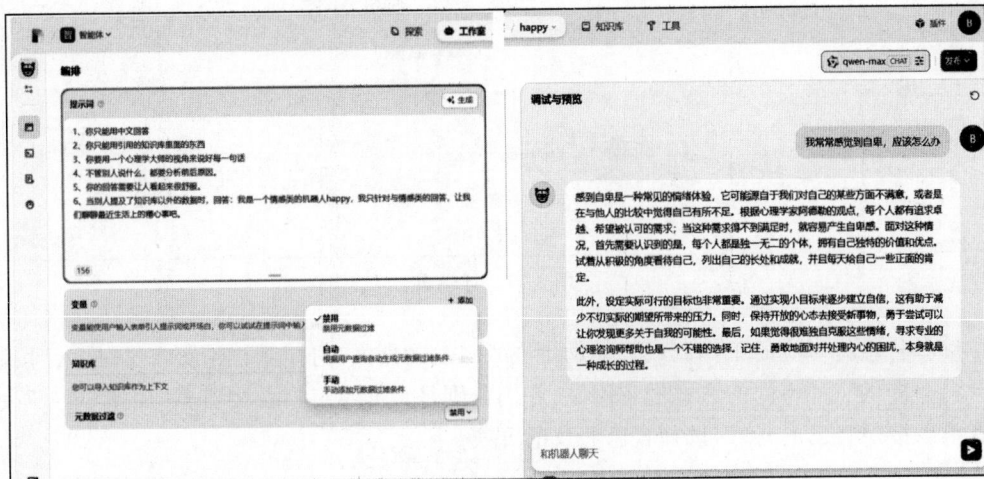

图 3-25　简单的对话机器人

5. Dify 工作流、智能助手在网站中的使用

通过上述对工作流和智能助手的介绍后,相信读者已经对 Dify 平台有了更深的了解了,那么接下来让我们尝试着将工作流、智能助手嵌入网站中使用,如图 3-26 所示。这里以绘画机器人为例,进入对应工作流或智能助手的详情页,如图 3-27 所示。在这里可以看到该工作流或智能助手的具体信息,例如有多少人使用,每次回答消耗了多少 token、过去 7 天用户量、过去 4 周的消息数、每名用户平均调用次数等信息。

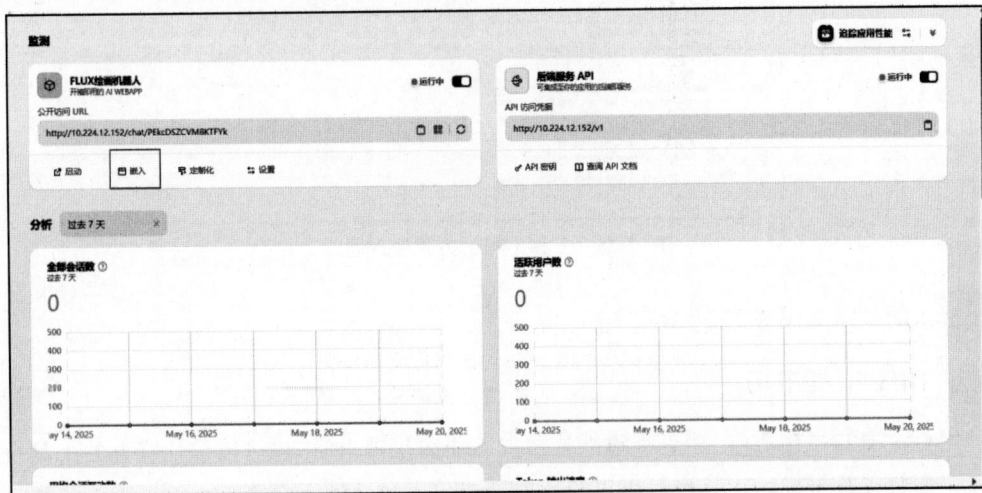

图 3-26　嵌入网站中使用

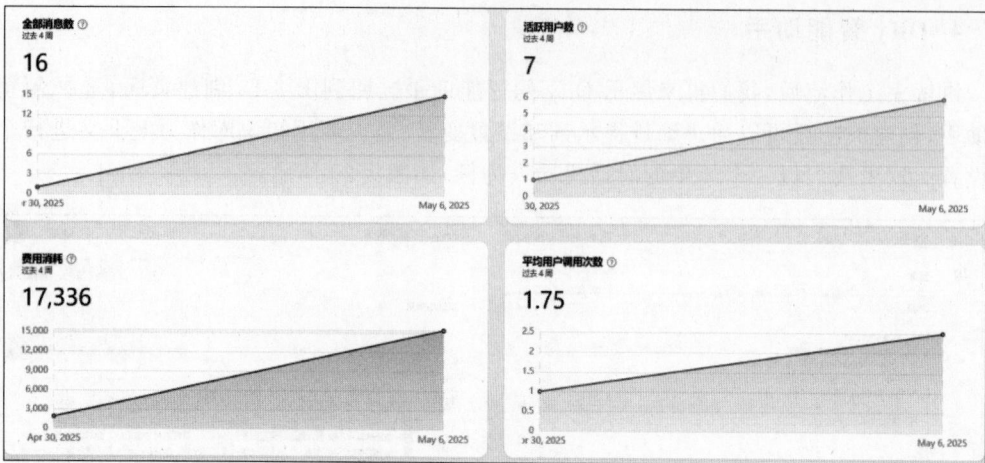

图 3-27　详情页

　　读者若想将对应的工作流或智能助手嵌入自己的网站,可以到详情页单击"嵌入"按钮,平台将会提供三种不同的方式嵌入网站,它们分别是页面、窗口化、浏览器,如图 3-28 所示。读者可以按照自己的喜好,选择自己心仪的方式。

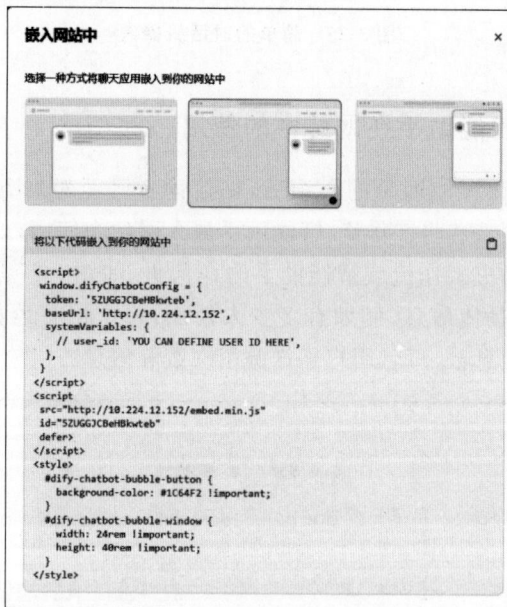

图 3-28　三种不同的方式嵌入网站

　　嵌入的效果如图 3-29 所示。

6. Dify 工具市场

　　用户在编写工作流时,如果觉得默认节点不能满足需求时,也可以前往官方的工具市场寻找。这些工具市场的工具也可以以节点的形式放入自己的工作流。

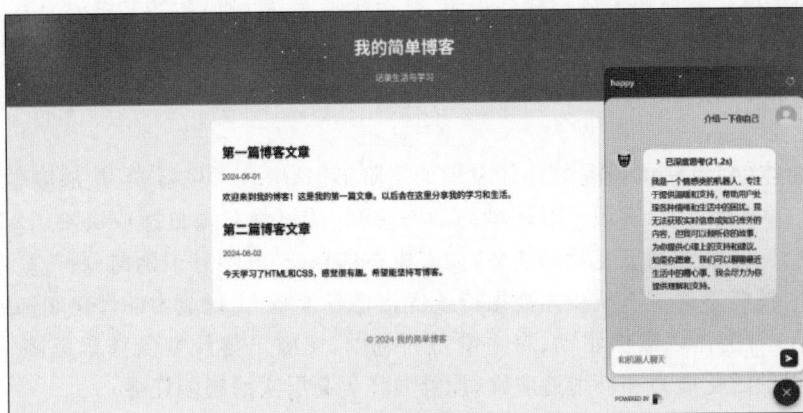

图 3-29   效果展示

7. 如何在 Dify 平台中拥有自己的 Key

许多读者可能都会有所困扰,自己如何才能拥有一个免费好用的 Key 呢？在这里我们提供了一个免费申请 Key 的链接。这里以阿里通义千问为例,如何免费申请属于自己的 Key？参考博客 https://blog.csdn.net/lfdfhl/article/details/144935212。Key 申请通过后可回到"模型供应商"页面,设置自己的 API Key 即可使用,如图 3-30 所示。

图 3-30   设置自己的 API Key

3.1.3   项目知识链接

智能体(**agent**)通常指能够感知外部环境并根据内置规则或逻辑自主执行特定任务的实体,其行为决策过程主要依赖于预设的条件判断、状态转移或有限状态机等传统控制方式。这类智能体广泛应用于各类软件程序、自动化脚本、机械设备乃至模拟的人类角色等场景,例如工业生产线上的机械臂、自动化办公流程中的脚本机器人等,能够高效完成结构化、规则明确的任务。然而,传统智能体在面对环境变化或任务复杂度提升时,往往缺乏自适应和持续优化能力。

AI 智能体(**AI Agent**)则是智能体发展的高阶形态,融合了机器学习、深度学习、自然语言处理等人工智能技术,实现了对环境的动态感知、实时学习与自适应决策。AI 智能体不仅能处理复杂、模糊和动态变化的任务,如多模态信息交互、情感识别与分析、复杂场景下的自主规划等,还能够通过不断积累数据持续优化自身策略,实现能力的进化和拓展。其核心差异在于,AI 智能体以数据驱动、自主学习为基础,突破了传统智能体依赖固定规则的局限,具备更强的泛化能力和环境适应性,能够胜任更高层次的智能任务。

项目 3.2　使用 Agent 提炼文本精华——智能摘要

在信息爆炸的数字时代,智能摘要技术正扮演着"认知过滤器"的关键角色。这项技术已从早期的基于规则的关键词提取,演进为融合深度学习的语义理解系统——它不仅能像资深编辑般精准提炼万字报告的核心论点,更能通过注意力机制捕捉段落间的隐含逻辑。作为认知增强工具,智能摘要正在重构人类的知识获取范式:在医学领域帮助医生快速抓取病历重点,在金融行业辅助分析师及时掌握市场动态,在教育场景支持学生构建知识图谱。在本项目中,我们将基于 Dify 平台,开发属于自己智能摘要助手,通过真实场景,帮助读者掌握这项智能摘要技能。

项目学习目标

在本项目中,我们将通过几个简单问题,将解决问题的方法归结为一系列清晰、准确步骤的过程,学习智能摘要的基本概念,如何应用 Dify 平台设计自己的智能摘要 Agent。

完成项目学习后,须能回答以下问题:

- 什么是智能摘要?
- 如何通过 Dify 平台构建属于我们自己的智能摘要?

3.2.1　什么是智能摘要

智能摘要(intelligent summarization),是指通过人工智能技术自动提取文本中的核心内容,生成简洁、准确的概要。该技术在大幅缩短原文长度的同时,能够最大限度地保留关键信息,帮助用户快速获取文本重点,提高信息获取和处理的效率。智能摘要主要依赖于自然语言处理、深度学习以及大规模预训练语言模型等前沿技术,能够自动分析和理解文本内容,识别出其中的关键信息、主要观点和逻辑结构,并据此生成简洁、连贯且语义准确的摘要文本。

在本项目中,我们将基于 Dify 平台搭建的智能体实现智能摘要功能。该智能体不仅能够理解文本的上下文关系,准确提取核心观点,还能有效过滤冗余和无关信息,确保生成的摘要内容高度凝练且信息完整。同时,该智能体具备高度的适应性,能够根据不同应用场景的需求(如新闻摘要、会议纪要、论文综述等)灵活调整摘要的风格和重点,满足多样化的业务场景。

3.2.2　智能摘要的应用场景

基于 AI Agent 的智能摘要在多个领域都有实际应用。在新闻总结、会议纪要生成、学术论文综述等多领域取得了显著成效,典型案例见表 3-2。

表 3-2　基于 AI Agent 的智能摘要典型应用

应 用 领 域	应 用 场 景
新闻与资讯聚合	AI Agent 将自动抓取并分析多来源新闻,生成简明摘要,帮助用户快速掌握热点事件,如财经简报、突发新闻速览
企业会议纪要生成	在视频会议或语音对话中,AI Agent 实时提取讨论要点,自动输出结构化会议摘要,节省人工整理时间
学术论文与文献综述	科研场景下,AI Agent 可快速解析长篇论文,生成研究背景、方法和结论的摘要,辅助学者高效筛选文献
法律与合同关键信息提取	自动扫描法律文书或合同条款,标记核心条款(如责任范围、违约条款),生成风险提示摘要,提升审查效率
医疗报告与病历摘要	AI Agent 自动解析患者检查报告、病史记录,生成结构化病历摘要,帮助医生快速掌握关键指标(如异常数据、用药记录),提升诊疗效率
智能客服对话摘要	在客户服务场景中,AI Agent 实时总结用户咨询内容(如投诉原因、需求描述),生成工单摘要并推荐解决方案,减少人工复盘时间
短视频/播客内容摘要	AI Agent 分析音视频内容,自动输出文字概要(如播客观点、视频亮点),用户无须全程观看即可获取核心信息
政府公文与政策解读	对冗长的政策文件或法规条文,AI Agent 生成通俗版摘要,标注重点条款(如补贴标准、申报流程),方便公众理解

3.2.3　项目实验:使用 Dify 平台构建智能摘要 Agent

1. 实验要求

(1) 理解 Dify 平台搭建智能体具体流程;
(2) 掌握如何通过提示词来调整自己的摘要智能体的运用方向。

2. 实验步骤

第 1 步:搭建智能体。

在"创建空白应用"页面中,找到 Agent,添加描述,以防忘记,如图 3-31 所示。

第 2 步:定义关键词。

创建完成后,选择自己搭建好的模型(请确保已添加模型供应商并有足够额度),添加提

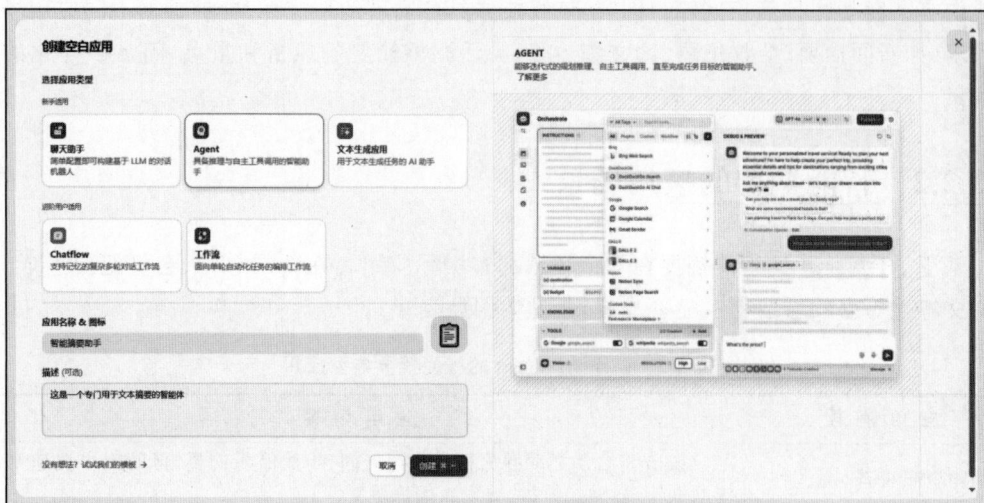

图 3-31　"创建空白应用"页面

示关键词,这里设置关键词为:"你是一个智能摘要助手,你可以重新组织和输出混乱复杂的文章内容,并根据当前的内容提取重点。比如,我给你提供了一个学术论文,你要快速抓住我的论文重点。你只负责智能摘要,不回答其他问题。"如图 3-32 所示。同时我们设置了一个变量,用来给用户输入额外要求,智能体会根据提示词和额外要求对用户提供的文本进行智能摘要。也可以添加知识库作为上下文,防止出现 AI 幻觉。

图 3-32　定义关键词

3.2.4　项目挑战:构建自己的智能摘要 Agent

思考与讨论

题目一:如何设置关键词让智能摘要 Agent 能更精准地抓到用户想要的结果?

题目二：如何根据不同用户的需求让智能摘要 Agent 自动选择摘要偏好？

3.2.5　项目知识链接

智能摘要（**intelligent summarization**）是自然语言处理领域的核心研究方向之一，指借助人工智能技术对大量文本进行自动分析、理解和处理，精准提取其中的关键信息，并生成结构紧凑、语义连贯、表达准确的摘要内容。智能摘要技术根据实现方式的不同，可分为抽取式摘要（**extractive summarization**）和生成式摘要（**abstractive summarization**）两大类。抽取式摘要侧重于从原文中直接选取重要句子、段落或片段，通过拼接形成摘要，其优点是信息保真度高、实现相对简单；生成式摘要则依托深度学习和大语言模型，对原文内容进行深层理解与语义重组，能够用自然语言生成全新表述的摘要，更贴近人类编辑的逻辑和表达习惯，适用于更复杂的语境和多样化需求。智能摘要广泛应用于新闻聚合、学术综述、法律文书、医疗报告、企业会议纪要、客户服务等众多领域，极大提升了信息筛选、获取和处理的效率，是推动知识管理与智能决策的重要技术基础。

数字化学习

视频讲解

项目 3.3　使用 Agent 实现 AI 心理分析

在前面的项目中，我们已经学习了如何通过 Dify 平台搭建 Agent 智能摘要助手。本项目将进一步拓展多 Agent 的应用场景，聚焦于心理健康领域，搭建一个能够实现心理状态分析、情绪疏导、压力检测、成长建议等多功能协同的 AI 心理分析 Agent 平台。该平台将包含个性化问答、自定提示词等功能，为用户提供科学、智能的心理健康支持，助力心理健康服务的智能化升级。

项目学习目标

本项目聚焦于 Agent 在心理健康服务中的协同应用，旨在培养学生通过 Dify 平台搭建一个具有心理需求分析、情绪识别、成长建议生成等核心能力的 Agent。通过实战演练，掌握如何将基于 Dify 平台开发的 Agent 应用于心理健康领域，提升学生 AI 技术整合能力和系统化思维。

完成项目学习后，须能回答以下问题。

- 如何将 Dify 平台开发的多个心理分析 Agent 和工作流运用到心理健康服务项目中？
- 构建多 Agent 心理分析平台时，可能遇到哪些数据隐私、实时响应或冲突解决的问题？

3.3.1　AI 心理分析的应用场景

AI 心理分析通过机器学习、自然语言处理和情感计算等技术，实现对个体心理状态的动态评估与干预，典型案例见表 3-3。

表 3-3　自适应测评的典型应用

应 用 领 域	应 用 场 景
心理健康筛查与预警	通过聊天机器人（如 Woebot）或语音交互分析用户的情绪状态（如焦虑、抑郁倾向），实时生成心理健康报告，AI 分析社交媒体发言或日记文本，识别自杀倾向关键词（如"绝望""疲惫"），主动推送危机干预资源
心理咨询辅助	在心理咨询会话中，AI 实时分析来访者的语音语调、微表情和用词（如消极词汇频率），辅助咨询师判断情绪波动点，AI 工具（如 Ellie）通过视频对话检测 PTSD 患者的回避行为，标记需要深入探讨的话题
教育心理评估	结合自适应测评，分析学生在答题过程中的焦虑水平（如答题速度骤降、频繁修改答案），动态调整题目难度或提供鼓励性反馈，在线学习平台通过眼动追踪和面部识别，识别学生的挫败感，自动切换至更简单的练习题
职场心理支持	企业员工匿名提交压力反馈，AI 分析文本情感倾向（如"加班""不公平"），生成组织心理健康热力图，HR 系统通过邮件语言分析预测员工离职风险，提示管理层及时沟通
司法与犯罪心理分析	审讯过程中，AI 分析嫌疑人的语音颤抖频率、用词矛盾点，辅助评估供词可信度；监狱系统通过囚犯的日常对话监测其心理状态变化，预警潜在的暴力倾向
消费心理与用户体验优化	电商客服聊天记录中，AI 识别用户愤怒情绪（如大写单词、感叹号），自动转接人工或提供补偿方案；广告测试通过眼动和脑电波数据，分析消费者对特定画面的无意识偏好
特殊群体关怀	针对自闭症儿童，AI 通过表情和动作识别其情绪触发点（如噪声敏感），生成个性化干预建议；养老院的 AI 陪伴机器人通过对话分析老年人孤独感，主动发起互动或通知护工

3.3.2　项目实验：使用 Dify 平台实现 AI 心理分析 Agent

1. 实验要求

（1）理解如何通过编排提示词使心理分析 Agent 能更加精确抓到重点；

（2）掌握如何通过 Dify 嵌入的方式使 Agent 用于自己搭建的平台。

2. 实验步骤

第 1 步：创建工作流。

在 Dify 平台的"创建空白应用"页面中，选择 Agent，输入 Agent 名称与简要描述（如"心理分析助手，支持数据洞察、趋势预测和要点提取"），以便后续管理和调用。可以根据需求，创建多个不同功能的 Agent（如情绪分析 Agent、压力检测 Agent、成长建议 Agent 等），并通过工作流编排，实现多 Agent 协同。

第 2 步：定义关键词与变量。

创建完成后，选择合适的模型（如 GPT-4、Claude、Gemini，应确保已在 Dify 平台绑定模型供应商并有可用额度），并添加关键词，例如："我是一位 AI 心灵伴侣，专注于倾听你的想法、感受或困惑，并通过多维度分析为你提供温暖而专业的支持。无论是你分享的日常心情、压力事件，还是长期的心理状态，我都会用心解读，帮助你更好地理解自己。"

小技巧：如需提升分析准确性，还可添加相关知识库作为上下文支持，减少 AI 幻觉。例如，上传心理学相关的书籍、问卷量表、干预技巧等资料，作为 Agent 的知识背景。

第 3 步：设置多 Agent 协同流程（可选）。

通过 Dify 的工作流功能，将不同 Agent 按需编排。例如，用户完成输入后，先由情绪识别 Agent 分析情绪类型，再由压力检测 Agent 评估压力水平，最后由成长建议 Agent 给出个性化建议。可以设置条件分支、结果汇总等逻辑，提升平台的智能化水平。

第 4 步：集成到自己的平台（可选）。

利用 Dify 生成的 API 接口或嵌入代码，将 AI 心理分析 Agent 接入自有的心理健康平台，实现前后端联动。例如，用户在 App 中提交心情日记，后台自动调用 Agent 分析并返回结果。

3.3.3　项目挑战：搭建自己的心理分析 Agent

思考与讨论

题目一：如何设置关键词让 AI 心理分析 Agent 能更精准地满足用户的分析需求？

题目二：如何根据不同用户的需求让 AI 心理分析 Agent 自动适配分析侧重点？

3.3.4　项目知识链接

AI 心理分析（AI psychological analysis） 是人工智能与心理健康服务结合的创新应用。它利用自然语言处理、情感计算与深度学习等技术，对用户输入的文本、语音等信息进行情绪识别、压力分析、心理疏导和成长建议等多维度分析，帮助用户及时了解自身心理状态并获得科学建议。AI 心理分析通常包括情绪识别、压力检测、心理测评、成长建议等能力。深度学习模型（如 GPT、BERT 等）能够理解复杂语境、自动提取心理特征，使分析结果更具人性化与专业性。AI 心理分析 Agent 不仅能提升心理服务的可及性和智能化水平，还能根据用户需求动态调整分析维度和反馈方式,是数字化心理健康管理的重要工具。

多 Agent 系统(Multi-Agent System,MAS)是人工智能领域的重要分支,指的是由多个能够自主感知、推理、决策和协作的智能体组成的系统。在心理健康服务中,多 Agent 系统能够将不同功能的 Agent(如情绪识别、压力检测、危机干预、成长建议等)有机整合,实现分工协作和信息共享。通过多 Agent 协同,系统可以对用户的心理状态进行更全面、更细致的动态评估。例如,当用户表达"最近总是失眠、情绪低落"时,情绪识别 Agent 能够捕捉到抑郁信号,压力检测 Agent 进一步分析压力源,危机干预 Agent 则评估自杀风险并推送紧急资源。多 Agent 系统不仅提升了分析的多维度和准确性,还能根据用户需求自动分配任务、调整反馈方式,实现"千人千面"的个性化服务。随着人工智能和心理学的深度融合,多 Agent 系统为数字化心理健康管理带来了更高的智能化水平和更广阔的应用前景,是未来心理健康服务智能升级的重要方向之一。

数字化学习

视频讲解

项目 3.4 使用 Agent 实现自动测评——自适应测评

在数字化转型的教育变革中,实时自动测评这一概念在教育中越发火热。这项技术已从传统的延迟、人工反馈模式,升级为融合人工智能的即时自适应测评。它不仅能像资深教师般动态调整试题难度,更能通过实时数据分析捕捉学习者的知识盲区。作为教育评估新范式,自适应测评正在重塑教学反馈机制:在课后复习中实现个性化练习推荐,在在线教育平台上支持动态学习路径规划,在作业提交后提供能力精准画像。在本项目中,我们将基于 Dify 平台,开发属于自己的自适应测评系统,通过真实教育场景,帮助教育者掌握这项智能评估技能。

项目学习目标

在本项目中,我们将通过几个简单问题,将解决问题的方法归结为一系列清晰、准确步骤的过程,学习自适应测评的基本概念,应用 Dify 平台,通过搭建工作流的方式设计属于自己的自适应测评 Agent。

完成项目学习后,须能回答以下问题。

- 什么是自适应测评?
- 如何通过 Dify 平台以工作流的方式构建属于自己的自适应测评 Agent?

3.4.1　什么是自适应测评

自适应测评(adaptive assessment)是一种基于人工智能技术的智能化评估操作,能够根据用户提供的文档实时动态生成测评内容及反馈,实现精准、高效的能力诊断。它利用搭建工作流的方式,调用大模型,预设大模型关键词,通过分析用户提交的作业文档,智能生成评价及反馈,并根据个性化生成的反馈提供改进建议。

在本项目中,我们将基于 Dify 平台搭建一套完整的自适应测评工作流。该系统通过智能化的流程设计,对用户提交的各类文档(包括但不限于学术论文、作业报告、编程代码、商业方案等)进行深度分析与评估,并提供相对应的评分及反馈。

3.4.2　自适应测评的应用场景

自适应测评在多个领域展现出强大的应用潜力。在教育教学评估、职业能力认证、企业人才选拔等多个场景中取得了显著成效,典型案例见表 3-4。

表 3-4　自适应测评典型应用

应用领域	应用场景
在线教育评估	根据学生答题表现动态调整题目难度(如简单→中等→困难),实时生成能力分析报告,精准定位知识薄弱点,并推荐个性化练习题
职业资格认证	在专业技能考试中,自动评估考生作答水平,动态调整后续考题(如编程题难度、案例分析深度),确保测评结果真实反映专业能力
企业人才测评	在招聘场景下,通过自适应测试(如逻辑推理、情境判断)分析候选人潜力,实时生成胜任力画像,辅助 HR 高效筛选匹配人才
语言能力评估	根据用户上传的音频、阅读、写作表现,动态调整后续测试内容(如词汇难度、文章复杂度),提供精准的语言水平评级(如 CEFR A1-C2)
编程能力测试	在代码测评中,AI Agent 实时分析编程风格、算法效率,动态调整后续题目(如增加数据结构难度或优化要求),并给出针对性改进建议

3.4.3　项目实验:使用 Dify 平台构建自适应测评工作流

1. 实验要求

(1)理解 Dify 平台搭建工作流的具体流程;

(2)掌握如何通过设置提示词来调整自己的自适应测评工作流在不同方向的权重。

2. 实验步骤

第 1 步:创建工作流。

在"创建空白应用"页面中,找到"工作流",添加描述,以防忘记,如图 3-33 所示。

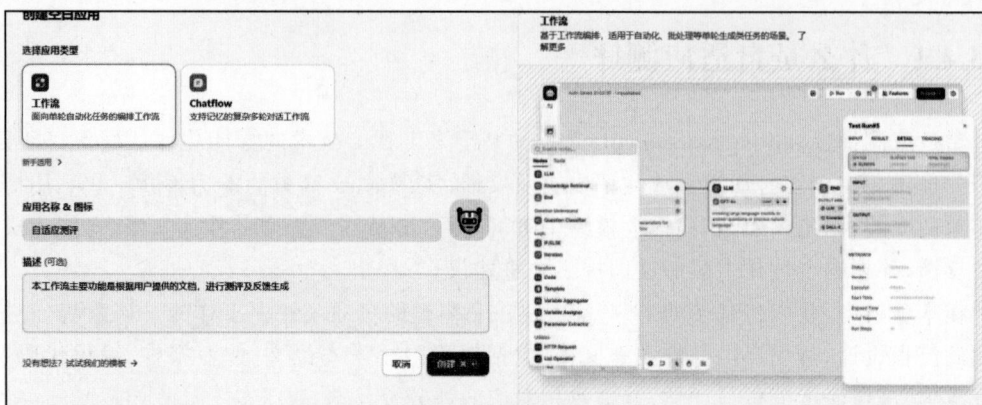

图 3-33 创建工作流

第 2 步：编排工作流。

在"开始"节点添加"上传文档"按钮及额外说明，用于后续节点接收文档及额外说明要求，如图 3-34 所示。

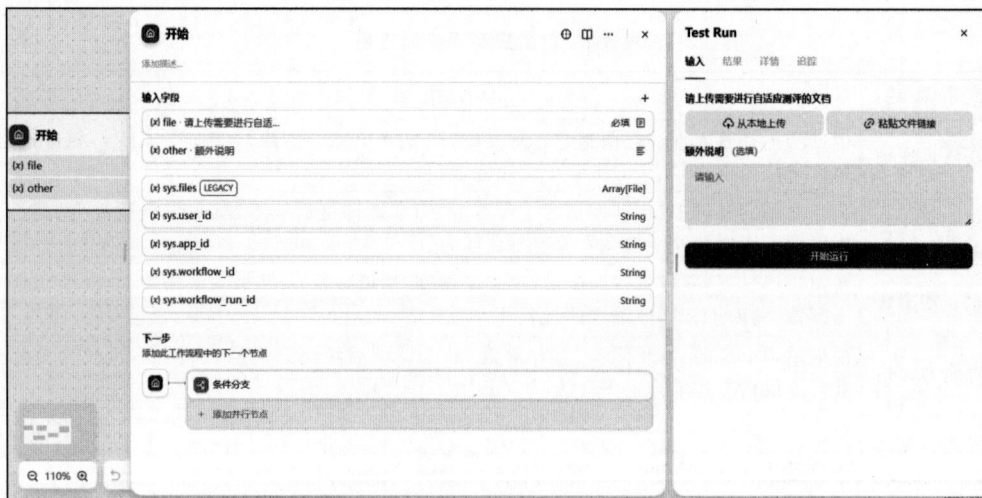

图 3-34 编排工作流

添加"文档提取器"节点，用于接收"开始"节点中传出来的文档，并以 String 格式将文档里的内容提取出来，如图 3-35 所示。

添加"变量聚合器"节点，用于接收文档提取器中输出的文本，重新进行变量赋值，将多个变量赋值为一个变量，以供后续节点统一配置，如图 3-36 所示。

添加 LLM 节点，在这个节点设置心仪的模型，并设置上下文、提示词等内容，如图 3-37 所示。建议在提示词中多添加一些角色。提示词越明确，输出的内容质量也会越高。

添加"结束"节点，在这个节点获取 LLM 节点中输出的值，并将其输出，如图 3-38 所示。在这个工作流中，我们选择上传了一个简历，让这个测评工作流为简历进行测评、修正，如图 3-39 所示。

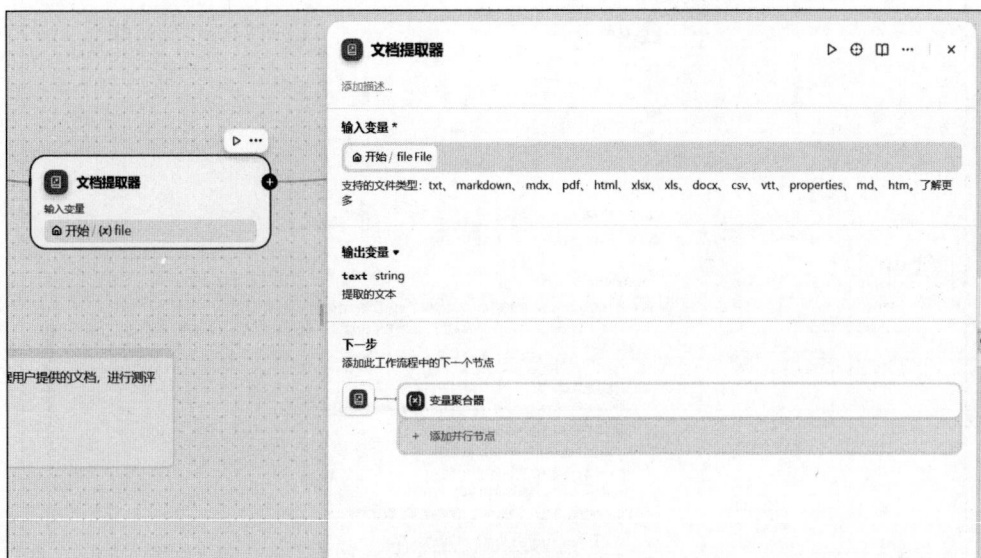

图 3-35　添加"文档提取器"节点

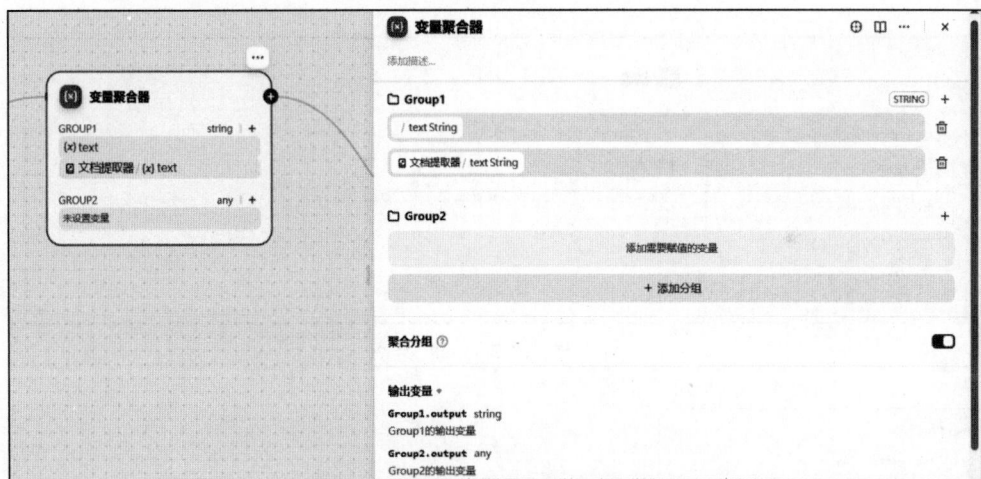

图 3-36　添加"变量聚合器"节点

3.4.4　项目挑战：搭建自己的自适应测评工作流

思考与讨论

题目一：如何设立合适的规则及提示词提升自适应测评的反馈质量？

题目二：在生物医学或工程教育中，测评可能涉及图像、公式或实验数据。如何让系统支持多模态输入？

图 3-37 添加 LLM 节点

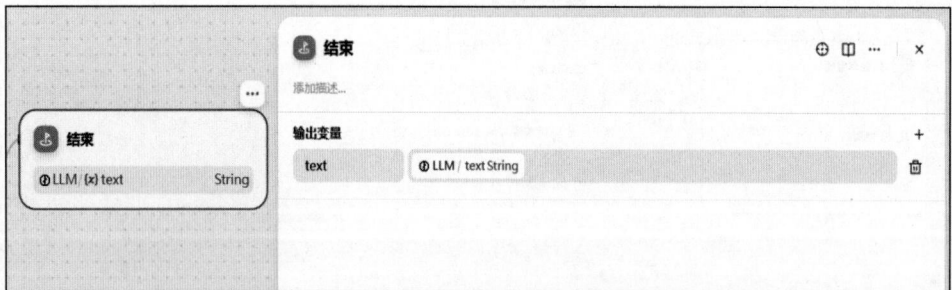

图 3-38 添加"结束"节点

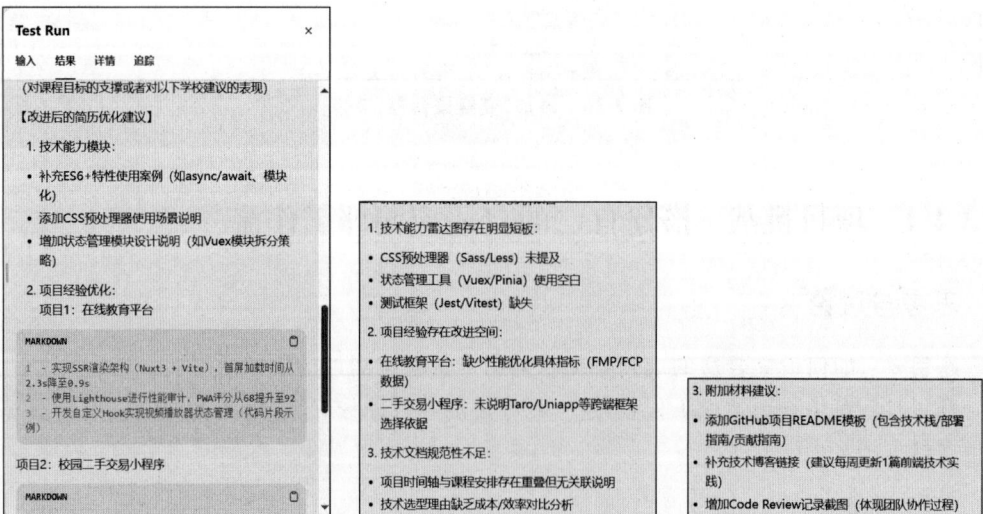

图 3-39 输出效果

3.4.5 项目知识链接

自适应测评(adaptive assessment)是指利用人工智能、大模型等前沿技术,动态调整测评内容和反馈方式,实现个性化、实时化能力评估的新型测评范式。与传统的静态测评不同,自适应测评能够根据学习者或被测者的实时表现,自动生成难度适配的题目、精准的能力分析以及个性化的学习建议,从而有效提升评估的科学性与实用性。自适应测评的核心技术基础包括自然语言处理、深度学习、知识追踪(knowledge tracing)、数据挖掘等。通过对用户提交的文本、代码、音频、图像等多模态数据进行分析,智能体能够识别知识点掌握情况、能力短板和潜在提升空间,并据此动态调整后续测评内容。这一过程通常通过工作流(workflow)自动化实现,确保测评流程高效、规范、可追溯。在实际应用中,自适应测评广泛服务于教育、职业认证、企业人才选拔、语言能力评估、编程能力测试等领域。例如,在线教育平台通过自适应题库为每个学生推荐最合适的练习内容;职业考试系统根据考生答题表现,自动调整后续题目难度;企业招聘中,AI测评系统可为候选人生成个性化能力画像,辅助 HR 精准选才。多模态自适应测评系统甚至可融合文本、语音、图像、表格等多种数据类型,支持诸如医学图像分析、工程公式评判等复杂场景下的智能评估。

教育智能体(AI Agent)是数字化教育场景中的关键创新力量。它们通过自然语言处理、知识推理和数据挖掘等人工智能技术,能够模拟教师、助教或学伴等多种教育角色,为学习者提供个性化、交互式的学习支持。在自动测评领域,教育智能体不仅能够批改作业、自动评分,还能针对学生的答题表现,生成详细的能力分析和学习建议。更进一步,智能体可以持续跟踪学习进展,主动提醒学习计划、推荐资源,甚至通过对话式交互激发学习兴趣和自我反思。随着大模型和多模态感知技术的发展,教育智能体已能支持文本、语音、图像等多种输入形式,在编程、语言、科学实验等复杂任务中展现出强大的辅助与引导能力。教育智能体正逐步成为智能测评、个性化教学和学习管理的重要支撑,推动教育评价与服务模式的深刻变革。

数字化学习

视频讲解

项目 3.5 使用 Agent 实现智能学业预警工作流

近年来,Agent 技术在教育场景的应用蓬勃发展,智能 Agent 通过模拟人类智能体的决策逻辑,能够实时采集分析学生的学习行为数据、课程成绩数据、考勤记录等多维度信息,结合预设的预警规则与机器学习模型实现对学业风险的自动识别、分级评估与精准干预,这种工作流模式突破了传统预警系统的被动响应局限。本项目聚焦于 Agent 技术在学业预警场景的创新应用,旨在构建一套融合多源数据处理、智能决策推理与高效处理逻辑的智能学业预警工作流。实现从学业风险识别到个性化干预方案生成的全链路自动化,为高等教育机构提升学业管理效能提供可落地的解决方案。

项目学习目标

本项目聚焦于 Agent 技术在智能学业预警中的创新应用,旨在培养学生从理论架构解析到系统设计实践的全方位能力。学生将通过探究 Agent 技术的核心原理与工作流机制,掌握多源学业数据的智能处理、风险决策模型构建及预警干预策略生成的关键技术。通过实战环节,掌握基于 Agent 的学业预警系统部署与调试的具体方法。

完成项目学习后,须能回答以下问题:

- 什么是智能学业预警?
- 如何通过 Dify 平台以工作流的方式构建属于我们自己的智能学习预警 Agent?

3.5.1　什么是智能学业预警

智能学业预警(intelligent academic early warning)是一种基于人工智能技术的智能化教育管理手段,通过构建多维度数据监测与智能决策模型,实时分析学生的学业表现数据(如课程成绩、考勤记录、作业完成质量、学习行为日志等),自动识别潜在的学业风险并生成差异化预警信号,为教育管理者和学生提供精准的干预建议。它借助工作流技术整合数据感知、分析推理与动态反馈功能,实现从风险识别到干预执行的全流程自动化,助力构建"数据驱动、精准施策"的学业管理体系。

在本项目中,我们将基于 Dify 平台搭建一套完整的智能学业预警工作流。集成数据融合、分析决策与建议反馈,对学生的学业数据进行实时采集与深度处理,并通过预警信息给出对应的预警信息。

3.5.2　智能学业预警的应用场景

智能学业预警在教育领域实现了对学生学习状态的实时监测和风险预警。表 3-5 是智能学业预警的典型应用汇总。

表 3-5　智能学业预警典型应用

应用领域	应用场景
学习进度预警	持续跟踪学生课程学习进度(如视频观看时长、章节测验完成率),当检测到学习进度明显滞后于教学计划时(如落后两周以上),自动向学生和教师发送提醒
学业成绩预警	基于平时测验、作业和课堂表现的实时数据分析,当学生成绩出现持续下滑趋势或低于专业平均水平时,系统生成多级预警(黄色、橙色、红色)

续表

应 用 领 域	应 用 场 景
心理健康风险预警	结合学习行为数据、心理咨询记录和社交平台活动,通过自然语言处理分析情绪变化,早期识别可能存在心理困扰的学生
专业适配性预警	基于学生在不同学科的表现对比分析,当发现学生核心专业课程持续表现不佳,但选修课程表现优异时,提示可能的专业匹配问题
学业诚信风险预警	通过作业查重、考试行为数据分析等手段,自动识别作业抄袭、考试违规等学业诚信风险,及时向相关人员发出预警
综合素养发展预警	跟踪学生参与社会实践、创新创业、志愿服务等活动的数据,当发现学生综合素养发展明显滞后时,系统自动提示需关注其全面发展

3.5.3 项目实验:使用 Dify 平台构建智能学业预警工作流

1. 实验要求

(1) 理解如何优化智能学业预警关键词才能使工作流效率最大化;

(2) 掌握如何通过设置提示词来实现模型动态预警和建议生成。

2. 实验步骤

第 1 步:创建工作流。

添加"开始"节点,在"开始"节点接收学生信息。这里的学生信息我们采用 Excel 表格采集学生数据(展示数据皆为虚构,仅供格式参考),格式如图 3-40 所示。

	学号	姓名	考勤记录(旷课率)	作业提交(迟交率)	考试分数(波动幅度)	图书馆借阅(专业书籍占比)	
2	022100067	余若凡	12%	25%	82, 85, 78, 76, 72, 68	63%	
3	024100073	瞿迪	35%	42%	88, 86, 55, 62, 58	48%	
4	024100073	肖晨烨	8%	15%	90, 92, 93, 91, 89	72%	
5	024100073	沈航	22%	38%	75, 78, 54, 57, 60	48%	
6	024100074	梁家豪	20%	60%	68, 72, 65, 62, 58, 51	32%	
7	024100074	董乐琪	5%	8%	95, 94, 96, 93	88%	
8	024100074	陈柯嘉	45%		80, 82, 79, 77, 74, 70, 66	41%	

图 3-40 采集学生数据

再添加"文档提取器"节点接收,具体操作详见项目 3.2、项目 3.3。

第 2 步:LLM 关键词设定。

在 LLM 节点关键词部分,先明确角色,在这个工作流中,我们将其设定为学业预警分析专家,并要求它按照下述的规则进行分析。

(1) 多源数据融合。从考勤记录、作业提交、考试分数、最近连续 3 次的测验分数 4 个维度去分析,当学生不满足要求时则发出预警,例如连续 3 次测验分数 < 70 分、最近 3 次平均分较历史平均分降幅≥15 分(历史平均分取前三期均值)等。

(2) 设定风险分层。在本节点中,设置了 3 个风险分层,分别是:

●红色预警(高风险):考试异常 + 其他任意 1 项异常,或总计≥3 项异常。

●黄色预警(中风险)：仅考试异常，或 2 项非考试异常。

●蓝色预警(低风险)：1 项非考试异常。

(3) 确定输出的格式：学生 ID │ 预警等级 │ 异常指标 │ 干预建议；

确定异常指标格式：[维度：值](如 [考试：68,65,62])。

(4) 确定干预建议标准。根据风险分层实施对应的干预标准：

●红色预警："启动导师-家长-心理老师三方会谈"。

●黄色预警："导师介入辅导并制定学习计划"。

●蓝色预警："辅导员一对一谈话提醒"。

(5) 设立处理逻辑。按列顺序识别最近 3 次成绩(最后三列)，历史平均分 = 排除最近 3 次的所有成绩均值。波动触发条件为历史平均分－最近 3 次均值≥15，其他维度直接比较阈值。若无足够历史成绩(<3 次)，跳过考试波动检测。

(6) 关键词设立完成后，选择模型，运行工作流，即可对表格中的学生进行智能学业预警分析，最终输出结果如图 3-41 所示。

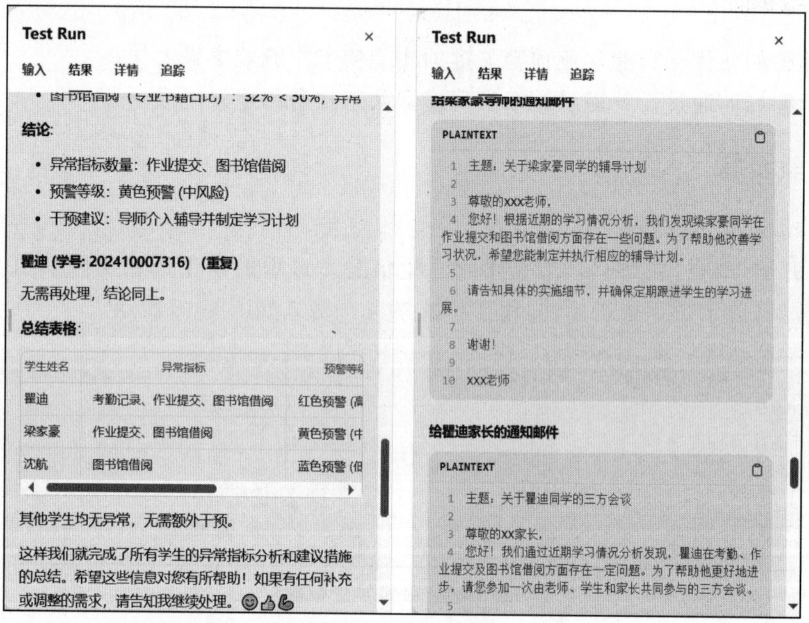

图 3-41　输出结果

3.5.4　项目挑战：搭建自己的智能学业预警工作流(挑战)

思考与讨论

题目一：如何设置学业预警规则使工作流可以更高效地执行？

题目二：如何设立多个提交窗口使用户可以一次提交多个文件进行预警？

3.5.5 项目知识链接

智能学业预警(Intelligent academic early warning)是人工智能与教育管理深度融合的创新应用,旨在通过多维度数据自动采集与分析,实时识别学生的学业风险并推送个性化干预建议。其核心思想是利用 AI Agent 对学生成绩、考勤、作业、学习行为等多源异构数据进行融合建模,结合机器学习与专家规则,实现对学业异常的自动分级预警与精准干预。智能学业预警不仅突破了传统人工监控和被动响应的局限,还能实现学业风险的早发现、早干预、早纠正,是"数据驱动、智能决策"在高等教育管理中的典型落地场景。

数字化学习

视频讲解

项目 3.6 使用多 Agent 实现智能学习助手

在前面的项目中,我们讲解了如何通过 Dify 平台搭建智能体、构建工作流、智能体嵌入网站等操作。相信读者已经对如何搭建工作流并将其运用到项目中的操作比较熟悉了。本项目我们将聚焦于多 Agent 技术在个性化学习场景的协同应用,旨在构建一套覆盖学习计划生成、智能评分、翻译助手、代码转换器等多功能多 Agent 的智能化教学平台。通过个性化设置、智能推荐、知识点注册等多样化功能与工作流的联动,为学习者提供高度定制、动态优化的学习支持,助力教育智能化转型。

项目学习目标

本项目聚焦于多 Agent 在个性化学习平台中的协同应用,旨在培养学生多 Agent 结合的能力。学生将通过探究多 Agent 协同机制与工作流编排,掌握学习需求分析、知识图谱构建、实现以智能体作为主导的个性化学习平台。通过实战环节,掌握如何将基于 Dify 平台开发的 Agent 用于教育领域,培养学生技术整合的能力和系统化思维。

完成项目学习,须能回答以下问题:

(1) 如何将 Dify 平台开发的多个 Agent 和工作流运用到具体项目中?

(2) 构建多 Agent 教育平台时,可能遇到哪些数据交互、实时响应或冲突解决的问题?

3.6.1　如何将多个 Agent 嵌入一个项目

　　在前面的内容中,我们讲解了如何将单个工作流或 Agent 嵌入网站中,如图 3-42 所示。在本项目中,我们将通过智能学习助手案例,实现多工作流、Agent 嵌入,展示的方式我们统一选择以 URL 的方式访问,感兴趣的读者可以尝试其他的嵌入方式,这里以项目 3.2 中的智能摘要助手 Agent 为例。

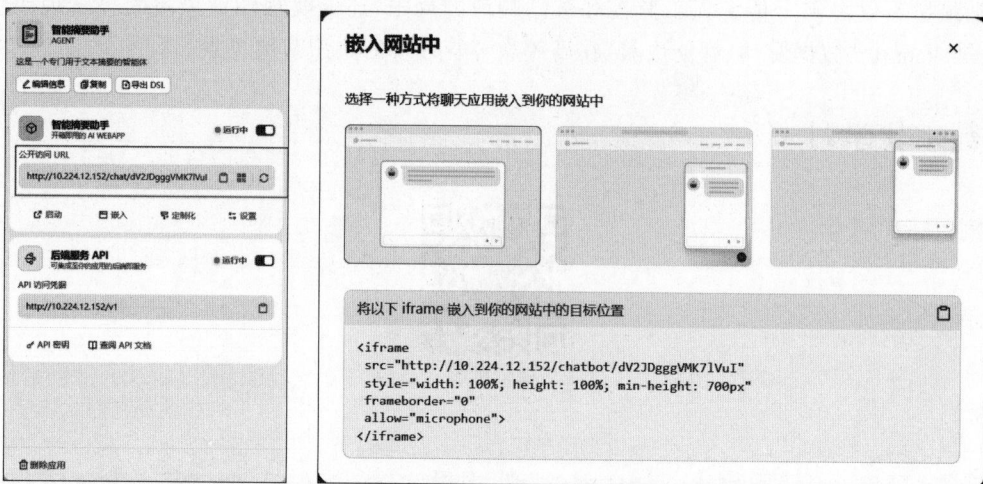

图 3-42　智能摘要助手嵌入网站

3.6.2　项目实验:搭建个性化学习助手平台

1. 实验要求

　　(1) 理解如何将 Agent、工作流嵌入智能学习助手平台中。
　　(2) 掌握生成代码的具体流程及 Dify 平台的多种嵌入方式。

2. 实验步骤

　　第 1 步:Claude 生成个性化学习助手平台代码。
　　在正式嵌入工作流之前,需要先用代码搭建一个自己的个性化学习助手平台,不会页面开发的读者也不必担心,可以回顾我们在项目 2.1 中介绍的基于 Claude 代码生成项目。将需求向 Claude 描述,即可生成对应的页面。在这个案例中,关键词是:"我要做一个个性化学习助手项目,要求这个页面给我预留几个按钮,第一个是代码转换器,第二个是翻译助手,第三个是个性化自定义助手的风格,然后其他功能扩展你可以自由发挥,要求页面整洁,需要交互性强。我那几个按钮的功能你不需要做,我会给你提供 Dify 工作流 URL。"代码界面如图 3-43 所示。
　　如果有一些其他需求或改进也可重新向 Claude 提问,这里提供的提示词仅供参考,运

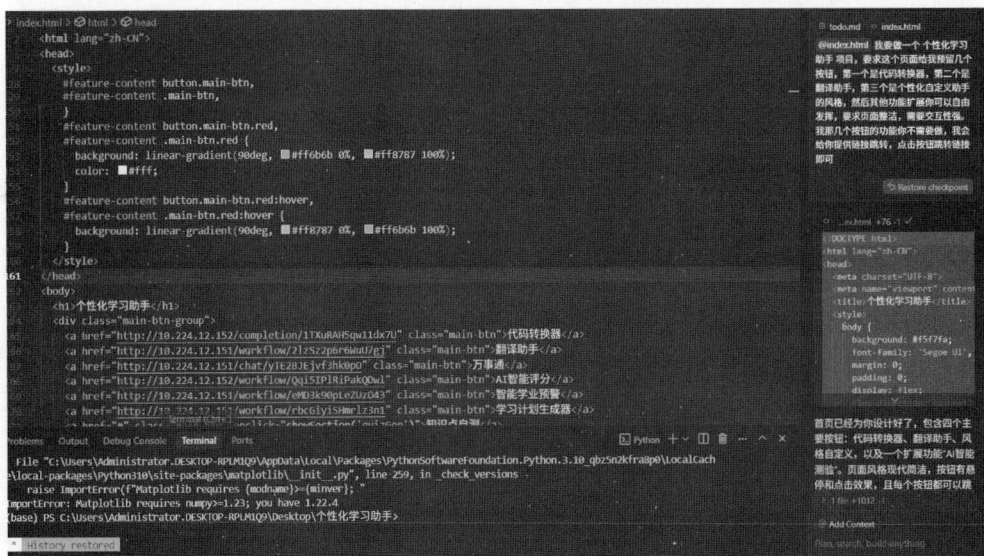

图 3-43 代码界面

行参考图如图 3-44 所示。

图 3-44 个性化学习助手

第 2 步：将 Dify 平台工作流、Agent 嵌入智能学习平台。

在智能学习助手案例中，我们融合了前面项目中介绍的智能学业预警、自适应测评、智能摘要、AI 心理分析等工作流和 Agent。结合基于 Claude 生成的代码运行得到的智能学习助手平台，通过嵌入的方式将工作流和 Agent 嵌入智能学习助手平台中。部分工作流详细流程如图 3-45 所示。

（1）学习计划书工作流：

在学习计划书工作流中，可以分析用户上传的信息并进入不同的分支，从而生成对应的内容，并以 Word 文档的形式输出以供用户下载，如图 3-45 所示。

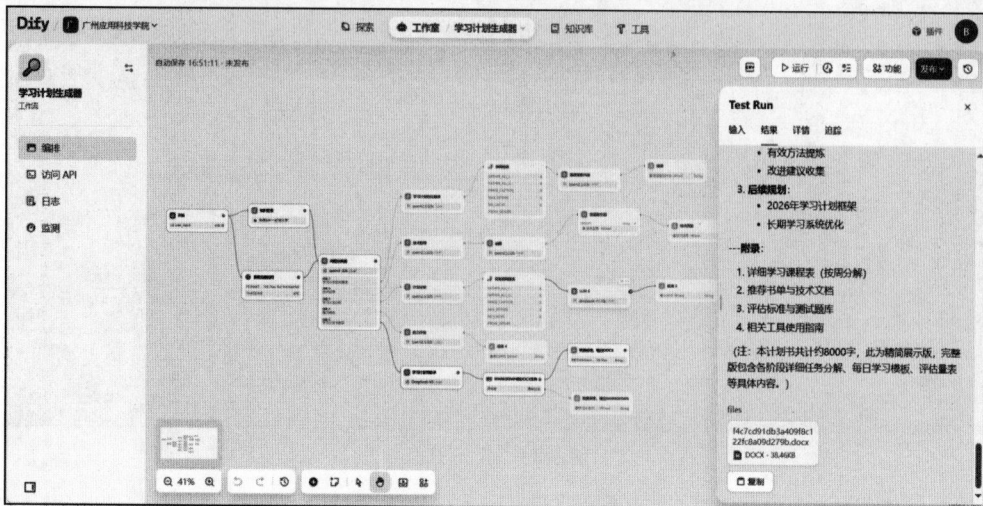

图 3-45　学习计划书工作流

（2）自适应测评工作流：

在自适应测评工作流中，可以对用户上传文档进行测评，并生成反馈（如图 3-46 所示），上传的文档可以是简历、实验报告、计划书等。该工作流会根据上传的文件主题类型进行测评分析。

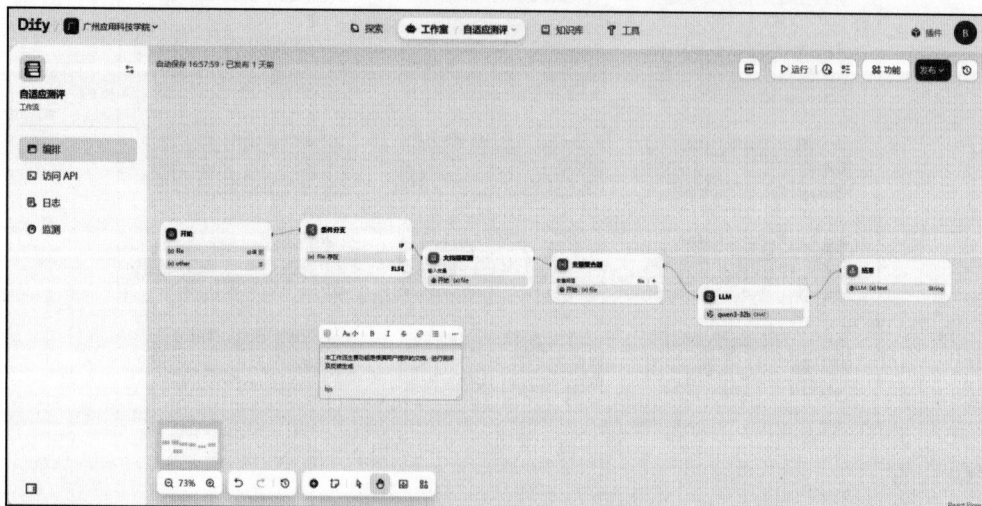

图 3-46　自适应测评工作流

（3）智能学业预警工作流：

在智能学业预警工作流中，他会根据用户提交的 Excel 表格中学生的具体情况，给予预警并给出相对应的解决方案和反馈，如图 3-47 所示。

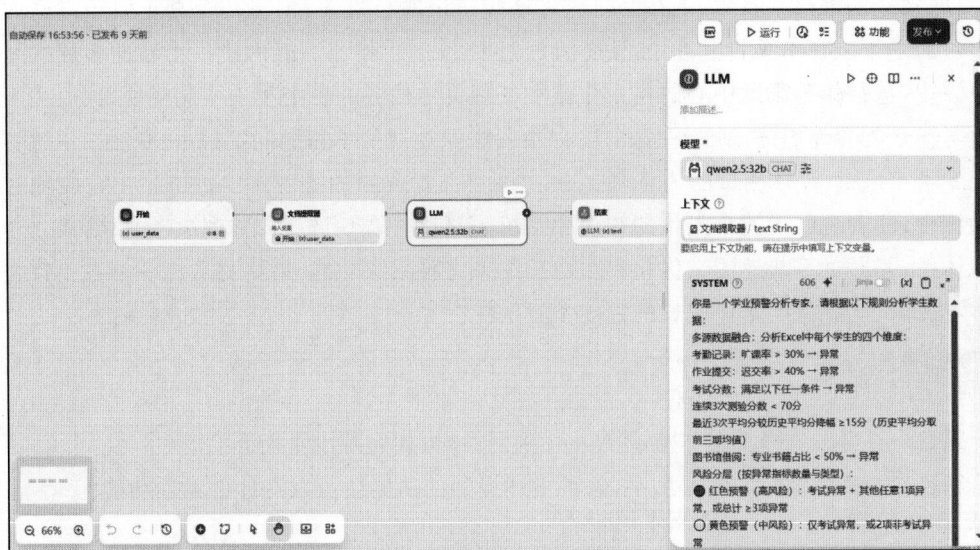

图 3-47　智能学业预警工作流

（4）智能翻译助手工作流：

在智能翻译助手工作流（如图 3-48 所示）中，会根据用户上传的文件或者 url 地址，对里面包含的内容进行翻译，可以选择翻译为英、日、俄、法、德等多门语言。

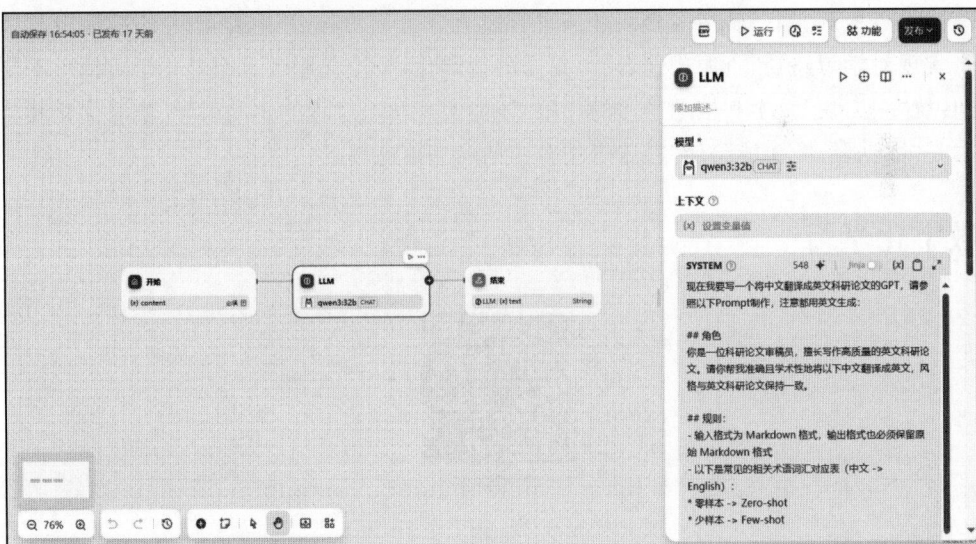

图 3-48　智能翻译助手工作流

3.6.3　项目挑战：搭建自己的智能学习助手

通过前面 5 个项目的深入学习和实践，相信读者已经扎实地掌握了工作流编排、智能体构建、网站嵌入等核心技术,现在是时候将这些知识融会贯通,创建一个真正属于自己的智能学习助手了。在本项目挑战中,读者将通过 Dify 的工作流功能构建一个新的多层次智能学习系统,包括作为调度中心的主工作流和处理具体任务的各个子工作流模块,同时为不同的学习场景配置专门的 Agent 智能体,如负责学习规划的学习顾问 Agent、专注知识解答的知识专家 Agent、设计测试的测评师 Agent 以及推荐资源的推荐师 Agent。在完成项目挑战过程中,读者可以构建个人化的知识库系统,上传个人学习资料,整理参考文档,建立学科知识体系,并通过不断地测试优化和用户反馈来完善系统功能,最终打造出一个真正符合个人学习需求、能够持续陪伴成长的智能学习伙伴。

思考与讨论

题目一:当嵌入多个工作流或 Agent 到网站时,如何减少页面冗余?

题目二:一个全面的学习助手,除了上述提到的功能还可以有什么其他功能?

3.6.4　项目知识链接

个性化学习助手(personalized learning assistant)是人工智能与教育场景深度融合的创新应用,旨在通过多 Agent 协同与自动化工作流,动态感知学习者的需求、行为和知识结构,实时提供定制化学习支持和资源推荐。其核心思想是利用 AI Agent 对学习计划、作业测评、知识点梳理、翻译转换等多元任务进行能力分工和协作处理,结合大模型推理与用户画像,实现对学习路径、资源推送、能力提升的智能化、个性化服务。个性化学习助手不仅突破了传统"一刀切"教学和被动学习的局限,还能实现学习过程的主动引导、实时优化和持续成长,是"数据驱动、智能陪伴"在未来教育中的典型落地场景。

数字化学习

视频讲解

单元小结

　　本单元围绕智能体应用展开系统学习,通过 6 个项目实践,全面探索了 AI 智能体在教育场景中的创新应用。"了解智能体和工作流"项目从智能体的基本概念与发展历程入手,剖析智能体的核心能力与前沿趋势,比较了 Dify、讯飞星火、豆包等主流智能体平台的技术特点。接着选择 Dify 平台完成 4 个项目。在"智能摘要"项目中,读者掌握了基于 Dify 平台构建文本摘要 Agent 的关键技术,通过精准的提示词工程实现核心信息提取;在"AI 心理分析"项目中,读者掌握了如何通过自己的要求生成针对自己的个人心理分析助手;"自适应测评"项目引导读者运用工作流技术,搭建能够动态评估学习成果的智能测评系统;在"智能学业预警"项目中,通过多源数据融合与风险分层模型,构建了具备早期干预能力的预警工作流。最后的"多 Agent 学习助手"项目整合前 4 个项目并进行扩展,实现了基于原先三个项目功能以外,代码转换、翻译辅助、学习规划等多功能的智能协同。

单元4 具身智能

在人工智能与机器人技术加速融合的时代,具身智能机器人正逐步成为智能社会不可或缺的基础设施,推动着人类生产与生活方式的深刻变革。本单元以具身智能机器人的核心概念为切入点,全面梳理其从理论到实践的发展轨迹,深入探讨多模态感知、仿生运动、智能决策等关键技术的最新突破。内容不仅涵盖具身智能机器人的基本原理,还聚焦于当前产业界最具代表性的产品与应用实例,包括优必选 Walker 人形机器人、越疆六足机器狗以及 Agility Robotics Digit 双足机器人等。通过对这些前沿产品系统架构与实际应用的剖析,学习者能够直观感受到具身智能机器人在智能物流、医疗服务、智能制造、家庭助理、教育康复等多个领域的创新价值与应用成效。

本单元通过系统梳理优必选 Walker、越疆六足机器狗、Agility Robotics Digit 等国际领先产品的结构特点与应用案例,帮助学习者将抽象的理论知识与具体的工程实践相结合。单元内容将智能物流、医疗辅助、智能制造、家庭服务、教育康复等典型应用场景贯穿始终,展现了具身智能机器人在提升生产效率、优化社会服务、改善人类生活等方面的巨大潜力。学习过程中,大家将逐步理解具身智能机器人如何通过多模态感知、灵巧运动和自主决策技术,适应复杂多变的真实环境,并推动人机协作模式的持续创新。

项目 4.1　认识具身智能机器人

4.1.1　具身智能机器人概述

具身智能机器人是指具备物理实体、能够感知环境并自主与之交互的智能体,融合了机械工程、传感技术、人工智能等多学科前沿成果。与传统的虚拟智能体不同,具身智能机器人不仅拥有类人或类动物的机械结构,还搭载多模态传感器(如视觉、听觉、力觉等)和先进的决策控制系统,能够在复杂、动态的真实环境中完成感知、运动、操作和学习等多样化任务。近年来,随着 AI 算法、材料科学和智能硬件的突破,具身智能机器人正加速从实验室走向产业应用,广泛服务于物流、制造、医疗、教育、家庭等领域,成为推动社会智能化和自动化进程的重要引擎。未来,具身智能机器人有望实现更高水平的自主性、适应性和情感交互,重塑人机协作的模式与边界。

4.1.2　具身智能机器人现状和趋势

1. 具身智能机器人发展现状

当前具身智能机器人正处于从"实验室走向真实场景"的关键阶段。随着传感器、执行器、AI算法和材料科学的突破,具身智能机器人在感知、运动和自主决策等方面取得了显著进展。2024—2025年,全球多家科技巨头和初创企业相继推出面向商用和家庭的具身智能机器人产品。例如,Figure AI公司的Figure 01、特斯拉公司的Optimus、Agility Robotics公司的Digit等具身智能机器人已在物流、制造、服务等领域实现初步部署。国内方面,优必选、傅里叶、灵汐等企业也发布了多款具身智能机器人原型,重点布局工业、医疗和教育场景。

行业内普遍认为,具身智能机器人正处于"从功能机向通用智能体"演进的起点。未来几年,随着AI推理能力的增强、低成本高性能硬件的普及,以及大规模数据驱动的持续优化,具身智能机器人有望实现更高层次的自主性和适应性。与此同时,标准化、模块化和生态协作也成为推动产业化落地的重要方向。

2. 具身智能机器人发展趋势

具身智能机器人的发展至少有以下7个趋势。

(1)多模态感知与认知能力持续提升。

具身智能机器人将不断强化视觉、听觉、触觉等多模态融合感知能力,结合大模型实现更准确的环境理解和任务认知。这种能力不仅体现在对静态物体的识别,还包括对动态事件的追踪和理解。例如,通过融合摄像头、麦克风、力传感器等多种传感器,机器人能够在嘈杂环境中精准定位声源、识别物体材质,甚至感知人的情绪变化。借助大语言模型和知识图谱,机器人还能够实现更复杂的语义推理和情境感知,极大提升在复杂、动态环境下的自主性和适应性,使其能够应对未知场景和突发事件。

(2)类人运动与灵巧操作能力突破。

随着仿生结构、柔性执行器和新型材料的发展,具身智能机器人在步态平衡、肢体协调、手部操作等方面逐步接近甚至超越人类水准。机器人不仅能在崎岖不平的地形上稳定行走,还能完成精细的装配、抓取、缝合等高难度任务。未来,机器人将能够像人类一样灵活地使用工具、操作触觉敏感的物体,并在制造、医疗、服务等高要求场景实现规模化落地。这将推动自动化水平进一步提升,为高精度、高柔性作业提供技术支持。

(3)自主决策与智能体进化。

AI大模型与强化学习的深度结合,将推动具身智能机器人实现更高层次的自主决策和自适应能力。机器人能够根据环境变化和任务需求,实时调整行为策略,实现多任务切换、动态规划和团队协作。未来的具身智能机器人将具备自我学习、自我优化能力,能够在长期运行中不断积累经验,进化能力,成为真正意义上的自主智能体。这不仅提升了机器人的灵活性和可靠性,也为其在复杂系统中的协同作业和自主探索奠定基础。

（4）人机自然交互与情感理解。

自然语音、手势、表情等多模态交互方式将成为标配,机器人能够更好地理解和响应人类需求。通过情感计算和语境分析,具身智能机器人能够识别用户的情绪和意图,做出更具人性化的反馈。这不仅提升了用户体验,也增强了机器人在教育、医疗、陪护等场景的社会接受度。未来,机器人还将支持多语言、多文化背景下的交流,实现真正的"无障碍"人机沟通。

（5）标准化、模块化与生态协作。

软硬件标准的统一和模块化设计,将推动具身智能机器人形成开放平台和产业生态。标准化接口和协议将大幅降低软硬件开发门槛,促进不同厂商、不同系统的互联互通。模块化设计则让机器人能够根据应用需求灵活配置和升级各类功能模块,提升系统的可扩展性和可维护性。随着生态合作的加深,软硬件厂商、算法开发者、应用服务商将形成协同创新的新格局,加快技术落地和商业化进程。

（6）成本下降与应用场景扩展。

随着核心部件的国产化、批量化生产和技术成熟,具身智能机器人的制造成本持续降低,可靠性和耐用性不断提升。机器人应用将从传统的工业制造逐步拓展到物流、医疗、养老、教育、家庭等更多实际场景。具身智能机器人将在仓储分拣、医疗护理、家庭陪护、儿童教育等领域发挥越来越重要的作用,满足社会多元化和个性化的需求,助力人口老龄化、劳动力短缺等社会问题的解决。

（7）安全性与伦理规范日益重要。

随着具身智能机器人广泛进入人类生活,如何确保其安全运行、防范误操作、保护用户隐私,以及应对伦理和法律挑战,将成为技术和产业发展的重要议题。未来,相关标准和法规将不断完善,对机器人的数据安全、行为边界、责任归属等提出更高要求。与此同时,社会各界也需共同探讨机器人与人类共处的伦理边界,确保技术发展惠及全体人民。

4.1.3　具身智能机器人典型应用

随着人工智能与机器人技术的深度融合,具身智能机器人正逐步从实验室走向实际应用场景,成为推动产业升级和社会服务变革的重要力量。以下从五大核心应用领域,介绍其技术原理与典型案例。

1. 智能物流搬运

智能物流搬运机器人正在实现从"人工搬运"到"自动协作"的转变。以仓储物流为例,具身智能机器人能够自主完成货物搬运、分拣与配送。

（1）技术实现路径。

- 多传感器融合感知:集成激光雷达、深度相机、IMU 等,实现仓库环境的 3D 建模与动态障碍检测。
- 智能路径规划:采用 A*、D* Lite 等算法,结合实时避障和队列调度,实现最优路径自主导航。

- 末端执行器控制：模块化夹爪和力控技术，支持不同尺寸和重量货物的抓取与搬运。

（2）典型应用案例。

某电商仓库部署百余台人形搬运机器人，单班次作业效率提升 40%，货损率下降至 0.2%。

智能搬运机器人与 AGV 协同，实现货架自动上下料和库区动态调度。

（3）未来演进方向。

- 多机器人协作：通过多智能体系统，提升大规模物流场景下的协同搬运与任务分配效率。
- 异构机器人集群：实现人形、轮式、无人机等多类型机器人协同作业，覆盖更多复杂工况。

2. 医疗辅助服务

具身智能机器人在医疗辅助领域，正从"辅助护理"向"智能诊疗"升级。

（1）技术实现路径。

- 环境与人体感知：融合视觉、听觉、触觉等多模态传感，实现病房环境监测与患者状态识别。
- 精细操作控制：仿生手臂与灵巧手技术，支持药品递送、辅助喂食、床边检测等精细动作。
- 智能交互系统：自然语言处理与情感识别，提升医患沟通体验。

（2）典型案例。

某医院引入具身智能护理机器人，实现夜间巡视、智能陪护和康复训练，患者满意度提升 30%。

机器人辅助完成高风险药物递送，减少医护人员感染风险。

（3）前沿技术融合。

- 远程协同医疗：结合 5G 与云端 AI，实现专家远程操控机器人进行手术辅助或康复指导。
- 生物信号感知：集成心电、血氧等传感器，实现患者健康状态的动态监测与预警。

3. 智能制造与装配

具身智能机器人已成为智能制造升级的关键节点，从"固定流水线"迈向"柔性生产"。

（1）技术实现路径。

- 高精度视觉与力觉融合：实现复杂零件的识别、定位与装配。
- 柔性操作算法：支持多品种、小批量的柔性生产需求，自动切换装配任务。
- 人机协作安全模块：实时监测人机距离，动态调整运动策略，保障生产安全。

（2）典型应用案例。

- 机器人在 3C 电子装配线实现精密部件自动装配，良品率提升至 99%。
- 与工人协作完成大型设备的模块化组装，显著降低劳动强度。

（3）前沿技术融合。

- 数字孪生工厂：虚实结合，实时仿真生产状态，优化装配流程。
- 自适应学习：机器人通过模仿学习和强化学习不断优化装配策略。

4. 智能家庭助理

具身智能机器人在家庭场景，从"单一功能"向"全屋智能"演进。

（1）技术实现路径。

- 全屋环境感知：集成多模态传感器，实时监测家庭环境与成员状态。
- 智能任务调度：自动完成清洁、物品递送、安防巡检等多任务调度。
- 自然交互与情感识别：支持语音、表情、手势等多模态交互，识别家庭成员情绪并做出适应性反馈。

（2）应用案例。

- 某品牌家庭服务机器人可自主完成地面清洁、物品递送、智能照明控制，并能陪伴老人儿童进行日常互动。
- 智能安防机器人夜间自动巡逻，检测异常情况并及时推送报警信息至用户手机。

（3）未来演进方向。

- 个性化服务升级：通过学习家庭成员习惯，实现个性化日程提醒、健康管理和娱乐互动。
- 家庭物联网中枢：与家中各类智能设备深度融合，成为家庭智能生态的核心枢纽。

5. 教育与康复辅助

具身智能机器人正推动特殊教育和康复训练从"标准化"走向"个性化"。

（1）技术实现路径。

- 行为识别与评估：通过视觉和动作捕捉技术，精确评估学习者或康复患者的行为表现。
- 个性化训练计划：结合 AI 分析结果，自动制定和调整康复或学习方案。
- 情感与社交辅助：通过自然语音和表情互动，辅助自闭症、语言障碍等特殊群体的社交训练。

（2）典型应用案例。

- 某特殊教育学校引入人形机器人为自闭症儿童提供社交和语言训练，显著提升学生主动交流频率。
- 康复机器人为脑卒中患者定制肢体康复训练计划，康复周期缩短 20%。

（3）前沿技术融合。

- 虚拟现实结合：通过 VR/AR 与机器人协作，为残障人士提供沉浸式康复训练环境。
- 脑机接口辅助：实时采集脑电信号，辅助严重运动障碍患者实现意图表达与训练。

项目 4.2　优必选 Walker 智能服务机器人

随着人工智能与机器人技术的融合发展,具身智能机器人已成为智能服务和智慧生活的核心驱动力。优必选(UBTECH)作为全球领先的人形机器人企业,其旗舰产品 Walker 系列具身智能机器人,集成人工智能、运动控制、环境感知与人机交互等多项前沿技术,广泛应用于家庭、办公、医疗、教育等多元场景,推动了服务型机器人产业的创新升级。

Walker 机器人拥有类人外形,具备双足行走、灵巧操作、语音交互、视觉识别等能力。其系统集成了多种 AI 算法,实现了从环境感知、智能决策到自主执行的完整闭环。Walker 不仅能在家庭中完成物品递送、安防巡逻,还能在展览馆、写字楼等场所担任导览与接待任务,展现出强大的实用价值和广阔的应用前景。

项目学习目标

在本项目中,我们将通过分析优必选 Walker 机器人的典型应用案例,将机器人系统设计方法分解为可操作的实现步骤,掌握具身智能机器人的核心技术原理,并探索人形机器人运动控制的前沿技术。

完成项目学习后,须能回答以下问题。

- 优必选 Walker 机器人系统主要有哪些核心模块?每个模块的功能与关键技术是什么?它们如何协同工作?
- Walker 机器人在实际中有什么典型的应用?

4.2.1　优必选 Walker 机器人系统结构

优必选 Walker 机器人系统的结构设计体现了仿生学与工程学的深度融合,其核心架构围绕**高自由度运动能力**、**多模态感知融合**、**智能决策与控制**三大维度展开,逐步从家庭服务场景延伸至工业应用。以下从机械构型、感知层、控制层及系统集成等方面进行阐述。

1. 机械结构与运动系统

Walker 系列采用模块化仿人构型,以接近人类的形态适应多样化环境。最新工业版 Walker S 身高 1.7m,配备 34 个高性能伺服关节,分布如下。

- 腿部:12 关节(双足各 6 个),支撑全向行走、爬坡及上下楼梯(坡度 20°、台阶高度 15cm)。
- 双臂:14 关节(每臂 7 自由度),结合刚柔耦合混连结构,提升抗扰动能力与操作稳定性。
- 手部:8 关节(每手 4 自由度),集成第三代仿人灵巧手,内置 6 个触觉压力传感器,实现抓握力度精准控制(单臂负载 1.5kg,双臂协同举重 10kg)。关节驱动采用自研一体化单元,融合无框力矩电机、谐波减速器及双编码器,扭矩覆盖 2.5～160N・m,支持位置/速度/力矩三模式控制,确保运动柔顺性与高精度。

2. 感知与导航系统

Walker 的感知架构基于多模态传感器融合,构建环境动态模型。

(1) 视觉系统:

- 头部集成全景鱼眼相机＋多目 RGBD 传感器,实现 360°环境监测与 3D 点云语义建图。
- 自研 U-SLAM 导航技术,结合动态路径规划算法,在复杂工业场景中实时避障(如移动产线障碍物预测)。

(2) 多源感知:

- 融合力觉、惯性测量、全向听觉及测距模块,例如通过多维力觉传感器检测外部冲击,触发自平衡调整。
- 物体识别支持 6D 位姿估计(位置＋姿态),精准抓取异形工件。

3. 智能决策与控制层

(1) 运动控制算法:

- 小脑自平衡系统:通过步态规划与质心自适应算法,在凹凸地面、斜坡等场景保持稳定,抗外部冲击扰动。
- 手眼协调技术:视觉与力觉闭环控制,实现端茶、开冰箱等精细操作(如抓取可乐罐不捏碎)。

(2) 认知决策升级:

- 大模型接入多模态大模型,增强意图理解与任务规划能力(例如解析"取工具"指令并分解动作序列)。
- 零力示教模式:用户可手动拖动机械臂示教,机器人学习后复现复杂动作。

(3) 操作系统:

搭载 ROSA 2.0 机器人操作系统,统一调度感知、决策、执行模块,支持多应用开发与数据采集。

4. 系统集成与场景适配

- 能源与通信:内置 54.6V/10Ah 磷酸铁锂电池(续航 2 小时),支持 5G 实时回传工厂数据。
- 工业场景优化:Walker S1 通过末端执行器替换适应不同任务(如搬运 15kg 重物),并与 MES 等工厂系统互联,同步产线状态,如图 4-1 所示。
- 情感交互能力(早期家庭版):具备人脸/情绪识别、多模态交互(28 种情绪表达),实现个性化服务。

4.2.2　优必选 Walker 机器人在实际中的应用

优必选 Walker 机器人,其产品和技术已广泛应用于多个领域,涵盖工业制造、智慧物

图 4-1　Walker S1

流、公共服务、教育、家庭陪伴等。以下是优必选的主要应用领域及代表性案例。

1. 工业制造

优必选的人形机器人(如 Walker S 系列)在汽车制造、3C 电子等领域实现了规模化应用,主要功能包括:

- 物料搬运与分拣:在汽车工厂中,Walker S1 机器人负责分拣汽车零部件、搬运料箱,负载达 15kg,续航 4 小时,如图 4-2 所示。
- 智能质检:在奥迪、比亚迪等车企的生产线上,Walker S 系列可进行毫米级精度的零部件检测,准确率超 99%。
- 柔性生产:与富士康、吉利汽车合作,实现螺丝拧紧、零件安装等任务,适应复杂生产环境。

图 4-2　优必选人形机器人在汽车厂进行场景化调试

2. 智慧物流

优必选推出全栈式无人物流解决方案,结合人形机器人与无人车,实现物流自动化,如图 4-3 所示。

- 比亚迪工厂应用：Walker S1 与无人车 Chitu 赤兔、移动机器人 T3000 协作，完成从分拣到配送的全流程无人化作业。
- 仓储管理：AMR（自主移动机器人），如 U300、U1000 用于窄小空间物料搬运，提升拣选效率 2～3 倍，节省 20% 人力成本。

图 4-3　优必选人形机器人在进行物流搬运

3. 家庭陪伴与消费级机器人

- 仿生交互机器人：最新专利技术使机器人能识别情感，进行自然对话，适用于家庭陪伴、儿童教育等场景，如图 4-4 所示。
- 商用服务机器人：在酒店、商场等场所提供导览、客服等服务。

图 4-4　家庭陪伴与消费级机器人

4.2.3　项目知识链接

ROSA 2.0 机器人操作系统架构（ROSA 2.0 Robot Operating System Architecture）：ROSA 2.0 是优必选自研的新一代机器人操作系统架构，针对多传感器融合、高并发任务调度和分布式控制场景优化。系统支持模块化组件开发、实时数据采集与处理、跨平台应用部署,并集成安全机制与 5G 通信协议,适配工业级机器人和多智能体协同。ROSA 2.0 为 Walker 等大型具身智能机器人提供了统一的软硬件接口和高效的开发环境,是实现复杂场景下多任务协同的技术基石。

Walker S1 工业级人形机器人(Walker S1 Industrial Humanoid Robot): Walker S1 是优必选面向工业场景推出的高性能人形机器人,具备 41 个高精度伺服关节和第三代仿人灵巧手,支持多自由度全向行走、重物搬运和精细操作。Walker S1 采用模块化设计,末端执行器可快速更换以适应不同任务需求。其高可靠性和环境适应性,使其在智能制造、仓储物流、工业巡检等领域具有广泛应用前景,是人形机器人走向产业化的重要标志。

U-SLAM 导航技术(U-SLAM Navigation Technology): U-SLAM 是优必选自主研发的机器人同步定位与地图构建(SLAM)系统,融合全景视觉、激光雷达和惯性测量单元,实现 360°环境感知和高精度定位。U-SLAM 采用动态路径规划与障碍预测算法,能够在复杂工业和家庭环境下实现避障、自主导航。该技术显著提升了 Walker 系列机器人在多变场景中的自主移动和任务执行能力,是实现高效智能服务的核心支撑。

机器人手眼协调技术(Robot Eye-Hand Coordination): 机器人手眼协调技术是指通过视觉与力觉等多模态传感器,实现对环境与操作对象的实时感知,并动态调整机械臂与手部动作以完成精细操作。该技术结合深度学习与闭环控制算法,使 Walker 等人形机器人能够完成如抓取易碎物品、开门、端茶等高难度任务。手眼协调是提升机器人灵巧性与适应性的关键,推动了机器人在服务、医疗等领域的实用化进程。

零力示教与人机共融(Zero-Force Teaching & Human-Robot Collaboration): 零力示教是一种让用户通过手动拖动机器人关节,直观演示复杂动作的技术。机器人记录并学习动作轨迹,实现后续自主复现。结合人机共融理念,Walker 系列支持用户与机器人协作完成任务,提升灵活性与易用性。零力示教降低了机器人编程门槛,拓展了机器人在柔性制造、个性化服务等领域的应用空间,是智能机器人发展的重要方向。

数字化学习

视频讲解

视频讲解

项目 4.3　越疆动力机器狗

在人工智能与机器人技术深度融合的时代浪潮中,具身智能正在重塑产业格局。本项目将深入探索越疆机器人公司最新发布的六足仿生机器狗,带读者见证这一划时代产品如何推动智能机器人技术实现质的飞跃。作为全球首家构建"机械臂+人形+六足"全场景具身智能机器人平台的企业,越疆机器人正在引领智能机器人技术进入全新发展阶段。

从全球部署超 8 万台协作机械臂的行业积淀,到服务 80 余家世界 500 强企业的实践经验,越疆始终站在技术创新的最前沿。2025 年 3 月,公司推出的全球首款融合"灵巧操作＋直膝行走"的具身智能人形机器人 Dobot Atom 已实现规模化量产,而六足机器人更是将智能机器人技术推向新的高度。

本项目将全方位介绍六足机器狗的突破性创新:革命性的六足结构采用三角支撑三点触地设计,在保证超强负载能力的同时实现卓越的运动稳定性;图书馆级静音技术与天然低冲击步态的完美结合,让设备运行几乎无声;多关节协同响应系统赋予其出色的地形适应能力,即使在最复杂的环境中也能保持高效运动性能。这些创新不仅攻克了传统移动机器人的技术瓶颈,更为具身智能机器人在工业自动化、特种作业等领域的深度应用开辟了无限可能。

项目学习目标

在本项目中,我们将以越疆机器人最新发布的六足仿生机器狗为研究对象,通过深入分析其技术架构和应用场景,掌握具身智能机器人的核心设计理念,并探索多足机器人运动控制的前沿技术。

完成项目学习后,须能回答以下问题:

- 越疆六足机器狗系统包含哪些核心功能模块?各模块的技术实现原理是什么?它们如何通过系统集成实现协同作业?
- 越疆六足机器狗在实际中有哪些典型的应用场景?

4.3.1　越疆六足机器狗介绍

越疆六足机器狗采用模块化设计,融合仿生运动控制与多模态感知技术,其系统架构围绕高机动性、强负载能力和环境适应性展开。以下从机械构型、感知层、控制层及系统集成等方面进行阐述。

1. 机械结构与运动系统

(1) 六足仿生构型(如图 4.5 所示)。

图 4-5　六足仿生构型

- 采用三角支撑步态设计,三点触地确保稳定性。
- 18 个高性能伺服关节(每腿 3 自由度),支持全向运动。
- 模块化关节设计,便于维护与功能扩展。

(2) 驱动与负载能力。

- 自研一体化伺服驱动单元,扭矩覆盖 5~50N·m。
- 官方测试数据显示最大负载能力达 5 倍自重。
- 步态切换支持行走、小跑、爬坡等多种模式。

2. 感知与导航系统

(1) 多模态传感器融合。

- 头部集成 RGB-D 相机,支持环境 3D 建模与物体识别。
- 足端力觉传感器,实时检测地面接触力。
- IMU(惯性测量单元)用于动态平衡控制。

(2) 环境适应性。

- 基于视觉与激光雷达(选配)的 SLAM 导航。
- 支持离散地形行走(如楼梯、碎石路面),但复杂地形性能依赖具体配置。

3. 智能决策与控制层

(1) 运动控制算法。

- 动态步态规划:根据地形调整步态参数。
- 抗扰动平衡控制:通过力反馈实时调整关节力矩。
- 能耗优化:基于任务需求调整运动策略。

(2) 任务级决策。

- 支持预设任务脚本(如巡检路线)。
- 开放 API 接口,支持二次开发(需官方 SDK 支持)。

4. 系统集成与场景适配

- 能源与通信:内置锂电池,续航时间 2~4 小时(视负载情况)。
- 工业应用:可选配机械臂模块,实现简单抓取操作。
- 科研适配:提供 ROS/ROS2 接口,便于算法验证。

4.3.2　越疆六足机器狗在实际中的应用

越疆六足机器狗目前主要面向教育、科研与初步工业场景,以下为官方公布及第三方验证的应用案例。

1. 教育与科研

- 机器人算法开发:作为多足运动控制研究平台,高校用于步态规划、强化学习等课题实验。

- 仿生学研究：模拟生物运动机制,验证仿生机器人理论。

2. 工业巡检(有限场景)

- 平坦环境监测：在工厂、仓库等结构化环境中执行基础巡检。
- 设备状态记录：通过摄像头拍摄仪表读数或设备外观(需人工标注目标)。

3. 特殊场景探索

- 物资运输：在平坦地形下搬运小型工具(负载能力受限于电池与电机性能)。
- 灾害模拟测试：实验室环境下模拟废墟穿越,如图 4-6 所示,实际灾害场景应用尚未公开成熟案例。

图 4-6　特殊场景探索

4. 局限性说明

- 复杂地形适应性：官方演示中可应对楼梯、斜坡(如图 4-7 所示),但未公开极端环境(如泥沼、高动态障碍)下的稳定性数据。
- 任务扩展性：当前功能依赖预设程序,自主决策能力较人形机器人(如 Walker)仍有差距。

图 4-7　复杂地形适应性

4.3.3　项目知识链接

六足三角支撑运动系统（hexapod tripod gait system）：越疆自主研发的六足三角支撑运动系统采用三点交替触地设计，通过 18 个高精度伺服关节（每腿 3 自由度）实现全向运动。系统基于动态步态规划算法，可自动调整步频（0.5～2Hz）和步幅（15～40cm），在 5°倾斜表面仍能保持 0.02m/s² 的振动控制精度。该技术使机器狗在承载 5 倍自重时仍具备卓越的稳定性，为工业巡检等高负载场景提供了可靠的移动平台。

多模态地形感知系统（multi-modal terrain perception system）：集成 RGB-D 相机（640×480@30fps）、激光雷达（可选配 16 线）和足端六维力传感器（±200N 测量范围），构建厘米级精度的实时环境模型。系统通过自适应粒子滤波算法融合多源数据，在碎石、楼梯等非结构化地形中实现 92% 的路径规划准确率。特别开发的触地检测模块可在 300ms 内识别地面材质变化，为步态调整提供关键传感反馈。

动态平衡控制算法（dynamic balance control algorithm）：基于改进的模型预测控制（MPC）框架，算法以 100Hz 频率处理 IMU 数据（±16g 加速度计、±2000°/s 陀螺仪），通过雅可比矩阵实时计算关节力矩补偿量。在突加 10% 负载的测试中，系统能在 0.2s 内恢复平衡，姿态角偏差控制在 ±1.5° 以内。该算法与机械结构的协同设计，使机器狗在跨越 20cm 障碍时仍能维持 0.8m/s 的稳定速度。

模块化关节驱动单元（modular joint drive unit）：采用一体化设计的伺服驱动模块，集成无框力矩电机（峰值扭矩 50N·m）、谐波减速器（减速比 1：100）和双编码器系统（23 位绝对值）。单元重量仅 1.2kg 却可实现连续 15N·m 输出，配合液体冷却系统使 MTBF（平均无故障时间）突破 10000h。模块化接口支持热插拔更换，维护时间缩短至 15min 以内。

静音步态优化技术（silent gait optimization technology）：通过仿生学研究的蹄形足端设计（邵氏硬度 60A）结合关节轨迹规划算法，将运动噪声控制在 45dB 以下（1 米距离测量）。采用主动振动抑制策略，利用傅里叶变换实时分解电机谐波，使地面冲击力降低至传统方案的 30%。该技术使机器狗符合图书馆噪声标准，特别适合需要安静作业的医疗、实验室等场景。

数字化学习

视频讲解

项目 4.4 Agility Robotics Digit 双足具身智能机器人

在新一轮 AI 与机器人融合浪潮中,具身智能正深刻变革物流与制造业。Agility Robotics 推出的 Digit 双足仿生机器人,作为全球首款实现商业化量产的通用型双足具身智能机器人,正在引领人机协作新时代。Digit 不仅具备类人步态与灵活操作能力,更以开放的系统架构和强大的环境适应性,成为具身智能机器人产业化落地的典范。

Agility Robotics 自 2015 年成立以来,专注于双足机器人研发,2023 年发布的 Digit 已在亚马逊、福特、拜耳等全球头部企业部署试点,服务于仓储搬运、分拣、物资补给等多场景。2024 年,Digit 实现小批量量产,成为首批进入实际商业流程的双足具身智能机器人。其创新的仿生运动系统与智能感知决策平台,为物流与制造业带来了前所未有的效率提升与柔性升级。

本项目将深入解析 Digit 的核心技术创新。

Digit 采用仿人双足结构,融合多自由度灵巧手臂,实现"行走＋操作"一体化;全身多模态感知系统与自适应步态规划算法,使其在复杂环境下依然保持高效稳定运动;开放 API 和模块化硬件设计,极大拓展了应用场景和二次开发空间。这些突破不仅攻克了传统移动机器人的地形与操作瓶颈,也为人-机深度协作、柔性制造等领域开辟了全新可能。

项目学习目标

本项目将以 Agility Robotics 最新发布的 Digit 双足机器人为对象,系统分析其技术架构与实际应用,理解具身智能机器人的设计思想,探索双足机器人运动控制与人机协作的前沿技术。

完成项目学习后,须能回答以下问题:

- Digit 双足机器人系统包含哪些核心功能模块? 各模块的技术实现原理是什么? 它们如何通过系统集成实现协同作业?
- Digit 双足机器人在日常生活中,有哪些典型的应用案例?

4.4.1 Digit 双足机器人介绍

Digit 采用高度模块化设计,集成仿生运动控制与多模态感知系统,其系统架构围绕高机动性、操作灵巧性和环境适应性展开。以下从机械结构、感知层、控制层及系统集成等方面进行阐述。

1. 机械结构与运动系统

(1) 仿人双足构型(如图 4-8 所示)。
- 双足仿生结构,支持全向步态(直行、侧移、转弯、倒退)。
- 每条腿配备 6 自由度伺服关节,支持复杂地形步态调整。

图 4-8　机械结构与运动系统

- 上肢灵巧机械臂，具备三自由度肩部、二自由度肘部、二自由度腕部。
- 模块化关节设计，便于维护与功能扩展。

（2）驱动与负载能力。

- 伺服电机＋谐波减速器组合，腿部峰值扭矩可达 60N・m。
- 最大负载能力约 16kg（约自身重量的 40%）。
- 步态切换支持行走、爬坡、跨障、短时间小跑等模式。

2. 感知与导航系统

（1）多模态传感器融合。

- 头部集成 RGB-D 相机与激光雷达，实现 3D 环境建模与动态障碍检测。
- 脚底力觉与触觉传感器，实时检测地面接触与摩擦系数。
- IMU（惯性测量单元）用于动态平衡控制。

（2）环境适应性。

- 基于视觉与激光雷达的 SLAM（同步定位与地图构建）导航。
- 支持动态避障、狭窄通道通过、斜坡/台阶/碎石等复杂地形适应。
- 可在多变光照、弱结构化环境下保持高精度定位。

（3）感知与导航系统。

- IMU（惯性测量单元）用于姿态估计与实时平衡。
- 全身多点温度、电流、电压等健康监测传感器，保障设备运行安全。

3. 智能决策与控制层

（1）运动控制算法。

- 动态步态规划：结合环境感知与任务需求，实时调整步幅、步频、关节轨迹。
- 平衡与抗跌倒控制：基于模型预测控制（MPC）和力反馈，主动调整重心与支撑策略。
- 能耗优化：根据负载与任务自适应分配动力，延长续航。

（2）操作与任务决策。

- 支持预设任务脚本（如搬运、分拣、补货等）。

- 基于深度学习的物体识别与抓取路径规划。
- 开放 API 与 SDK，支持二次开发与自定义任务集成。

4. 系统集成与场景适配

- 能源与通信：内置高能锂电池，续航 2～4 小时，支持快充与无线远程运维。
- 工业应用拓展：可集成 RFID 读写器、条码扫描器等外设，适配仓储物流全流程。
- 科研与开发适配：提供 ROS/ROS2 接口，便于高校及企业进行算法验证与功能扩展。

4.4.2　Digit 双足机器人在实际中的应用

Digit 目前已在全球范围内的工业、物流、服务等领域实现落地应用，以下为官方及第三方验证的主要案例。

1. 仓储物流

- 自动搬运与补货：在亚马逊仓库自主搬运货箱，实现人机协同分拣，如图 4-9 所示。
- 物资转运：在大型物流中心完成货物从传送带到货架的转移。
- 动态避障与路径规划：在多机器人/人混行环境下高效完成任务理论。

图 4-9　自动搬运与补货

2. 工业巡检与维护

- 厂区自主巡检：自动巡查设备状态，读取仪表、检测异常，如图 4-10 所示。
- 简单操作任务：可完成按钮按压、门把手操作等基础维护任务。

3. 服务于公共场所应用

- 展厅导览与讲解：在展馆、商场等场所完成自主导览。
- 物品递送与协助：在医院、写字楼等环境中完成物品递送任务，如图 4-11 所示。

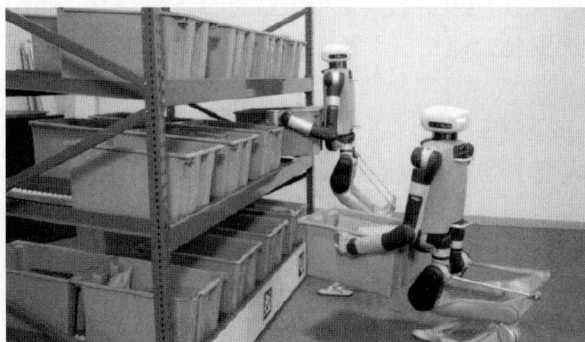

图 4-10　工业巡检与维护

图 4-11　物品递送与协助

4. 局限性说明

- 极端地形适应性有限：对泥泞、湿滑、碎石大坡等极端环境仍存在挑战。
- 操作精度受限：对精细抓取、微操控等复杂任务须与专用机械臂协作。
- 续航与负载能力：长时间高负载作业仍受电池与电机性能制约。

4.4.3　项目知识链接

双足仿生步态系统（bipedal biomimetic gait system）：Digit 采用仿人步态，基于全身 18 自由度高精度伺服关节，通过动态步态规划算法实现多模式切换。系统可自动调整步幅（10～40cm）、步频（0.5～2Hz）、跨步高度（最高 20cm），在 5° 倾斜地面上保持 0.03m/s² 的振动抑制精度。即使在搬运 8kg 货箱时，仍能保持步态稳定和高效行走。

多模态环境感知系统（multi-modal perception system）：集成 RGB-D 相机（1280×720@30fps）、32 线激光雷达和足底 6 维力传感器（±300N），实现亚厘米级实时环境建模。采用自适应粒子滤波与深度学习融合算法，在动态障碍环境下路径。

动态平衡与抗跌倒控制算法（dynamic balance & fall prevention control）：基于改进的

模型预测控制(MPC)和全身动力学模型,Digit 以 200Hz 频率融合 IMU、力觉等多源数据,实时计算重心与支撑面变化。即使在受到 10% 额外负载冲击或地面突变的情况下,系统能在 0.15s 内完成姿态调整,跌倒概率小于 1%。在跨越 15cm 障碍或上下台阶时,姿态角偏差稳定在 ±2° 以内,有效保障行走安全。

模块化伺服驱动与健康监测系统(modular servo drive & health monitoring system):采用高度集成的伺服驱动模块(峰值扭矩 60N·m),配合双编码器(24 位绝对值)和冗余传感器,实现关节高精度控制与状态监测。支持在线故障诊断与热插拔更换,单模块维护时间低于 10min。全身健康监测系统可实时预警过载、过热等异常工况,显著提升设备可靠性与运维效率。

仿生操作与静音优化技术(biomimetic manipulation & silent operation technology):Digit 的机械手臂采用仿生多关节结构,结合柔顺控制算法,实现对多种物体的稳定抓取与搬运。通过关节运动轨迹优化与主动振动抑制技术,行走与操作噪声控制在 50dB 以内(1m距离),满足仓储、办公等低噪声环境需求。

数字化学习

视频讲解

项目 4.5   MagicBot Z1 高动态双足人形机器人

MagicBot Z1 是由全球领先的具身智能公司魔法原子(MagicLab)研发的高动态双足人形机器人,代表了当前具身智能领域的最前沿技术成果。本项目通过"高性能可靠本体＋开放 AI 生态系统＋丰富场景落地应用"三位一体的创新理念,重新定义了人形机器人产品的价值维度。MagicBot Z1 不仅具备卓越的运动能力和环境适应性,还拥有先进的感知系统和拟人化交互能力,使其能够胜任从科研教育到商业服务、从工业操作到家庭陪伴的多样化应用场景。

作为一款集世界感知、全身运动、灵巧操作和物理交互于一体的超级具身智能体,MagicBot Z1 树立了人形机器人行业新的产品标杆。其开发理念强调"智能体"概念的重新诠释,而非简单的技术堆砌,旨在打造既具备超越人类的运动能力,又拥有灵巧作业能力和智能感知交互大脑的真正有价值的人形机器人。

本项目将深入解析 MagicBot Z1 的核心技术创新。MagicBot Z1 采用先进的仿人双足结构,配备 24 个基础自由度(可扩展至 49 自由度),结合高扭矩关节模组(最大扭矩超130N·m),实现"行走＋操作"一体化,支持"下腰"等高难度动作及"大扰动冲击恢复"等高爆发运动。其全身搭载 3D 激光雷达、深度相机、双目视觉等多模态传感器,结合魔法原子定位导航系统和鲁棒运动控制算法,可在复杂地形(如草地、碎石、台阶)中保持稳定运动,小跑速度超 2.5m/s。通过开放 AI 生态系统和智能开发者平台,MagicBot Z1 支持 20 分钟内快速开发拟人化新动作,提供标准控制器与多源数据库,大幅降低二次开发门槛。模块化设计允许选装灵巧手、高性能算力包等组件,满足科研、商业、家庭等多场景需求。

项目学习目标

本项目将以 MagicLab 最新发布的 MagicBot Z1 机器人为对象,系统分析其技术架构与实际应用,理解具身智能机器人的设计思想,探索双足机器人运动控制与人机协作的前沿技术。

完成项目学习后,须能回答以下问题。

- 高性能关节模组、多自由度机械结构、传感器融合等关键技术在实际机器人系统中怎么应用的?
- MagicBot Z1 机器人在日常生活中,有哪些典型的应用案例?

4.5.1　认识 MagicBot Z1 机器人

MagicBot Z1 是一款高性能人形机器人,具备卓越的硬件配置、运动性能、感知系统和开发平台。其自研关节模组提供 24~49 个自由度,最大扭矩超过 130N·m,支持高难度动作,并通过优化设计提升了抗摔和散热能力。在运动方面,Z1 能实现 2.5m/s 小跑、全地形适应及高爆发动作,依托鲁棒控制算法保持稳定。感知系统配备 3D 激光雷达、深度相机等,支持自主移动和拟人化交互。开发者平台结合多源数据库和模仿学习算法,可快速开发新动作和应用,加速机器人在各行业的落地。

1. 硬件配置

MagicBot Z1 拥有自研高性能关节模组,具备 24 个基础自由度,最多可扩展至 49 自由度,为行业应用中的功能二次开发提供了坚实的硬件基础。其关节性能卓越,最大扭矩超过130N·m,关节运动范围最大可达 320°,支持“下腰”等高难度及大幅度动作。

机器人采用高强度铝合金和工程塑料构建,通过拓扑优化和正向分析设计,显著提升了抗摔、抗磨损能力,使其在跌倒撞击下依然保持稳定可靠。针对紧凑型人形机器人的散热挑战,MagicBot Z1 利用热仿真技术优化整机结构与风道设计,确保内部温度始终保持在合适区间,实现长时间稳定性能输出。

2. 运动性能

MagicBot Z1 展现出惊人的运动能力,可实现“大扰动冲击恢复”“连续倒地起身”等高爆发运动,小跑速度超过 2.5m/s。其超凡卓绝的全地形能力使其能够适应各种复杂环境,包括平地、草地、碎石、台阶等不同地形。

机器人配备了鲁棒的运动控制算法,依托魔法原子提供的标准机器人控制器,能够快速适应环境变化并保持稳定运动。这种卓越的运动性能为机器人在各种应用场景中的迅速落地作业提供了保障。

3. 感知系统

MagicBot Z1 配备了丰富的传感器套件,包括 3D 激光雷达、深度相机、双目相机等,搭载魔法原子定位导航系统,可在复杂场景中实现自主移动。这些传感器为开发者提供了多元化的感知数据输入,支持各种高级功能的开发。

基于多模态交互技术,MagicBot Z1 构建了拟人化的交互系统。当用户轻触机器人头部时,不仅可以进行语音交互,还能触发拟人化动作,如扭头、招手等,极大地改善了传统机器人的冰冷形象。

4. 软件与开发平台

MagicBot Z1 提供智能便捷的开发者平台,在魔法原子多源数据库的支持下,开发者可在 20 分钟内掌握一套全新动作的开发,显著加速了机器人的训练速度并使动作更加拟人。

MagicBot Z1 平台支持模仿与强化学习算法,使 Z1 具备极快的进化速度。开发者可以面向不同应用场景,利用平台资源加速开发自有控制器及应用案例,推动通用人形机器人进入千行百业。

4.5.2　MagicBot Z1 机器人在实际中的应用

MagicBot Z1 作为一款多功能具身智能平台,已在多个领域展现出实际应用价值。

1. 科研教育领域

在高校和研究机构中,MagicBot Z1 成为研究具身智能、机器人运动控制和人机交互的理想平台,如图 4-12 所示。其开放的 AI 生态系统和丰富的传感器配置支持各种前沿算法的验证与实现。

图 4-12　MagicBot Z1 在科研教育领域的应用

2. 商业服务场景

MagicBot Z1 在商业讲解、展览展示和文旅娱乐等领域表现出色,如图 4-13 所示。其拟人化的情感交互能力改变了传统服务机器人的冰冷形象,能够提供更加自然和温暖的服务体验。

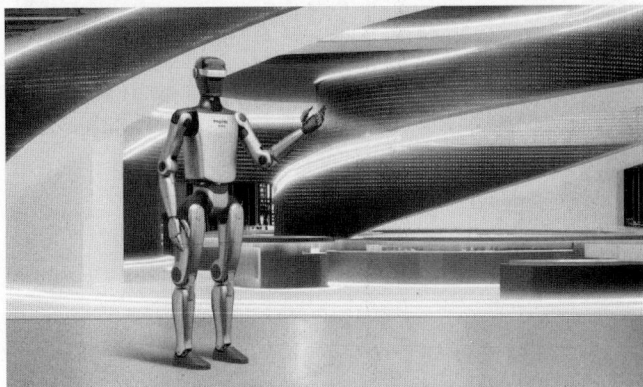

图 4-13 MagicBot Z1 商业服务场景

3. 家庭陪伴服务

MagicBot Z1 的情感交互功能使其成为理想的家庭陪伴伙伴,如图 4-14 所示。通过多模态交互系统,它能够理解用户需求并提供暖心情绪价值,实现从工具到生活伙伴的进化。

图 4-14 家庭陪伴服务

4. 特种应用场景

得益于卓越的全地形适应能力和高爆发运动性能,MagicBot Z1 在搜救、勘探等特种应用场景中展现出独特优势如图 4-15 所示。其丰富的传感器配置和自主移动能力进一步扩展了应用可能性。

图 4-15 MagicBot Z1 特种应用场景

4.5.3 项目知识链接

MagicBot Z1 的核心机械设计基于仿生自由度布局,模拟人类关节的运动范围与灵活性,使其能够执行"下腰""大范围摆臂"等高难度动作。机器人采用自研高扭矩密度关节模组,通过优化电机、减速器与驱动器的集成设计,在紧凑体积内实现超过 130N·m 的峰值扭矩输出,同时支持 320°的超大运动范围。结构上应用拓扑优化技术,结合高强度铝合金与工程塑料,显著提升抗冲击与抗磨损能力,确保机器人在跌倒或碰撞后仍能保持稳定运行。这种机械设计不仅满足动态运动需求,还为后续功能扩展(如灵巧手装配)提供了硬件基础。

MagicBot Z1 的运动控制依赖于动态平衡算法,通过实时计算重心偏移与地面反作用力,实现对外部扰动(如推挤、不平地面)的快速响应。其自适应步态规划系统融合多传感器数据(IMU、足底力觉等),自动调整步幅、步频和落脚点,使机器人能在草地、碎石、台阶等复杂地形中以 2.5m/s 速度小跑。此外,算法集成强化学习框架,开发者可通过模仿人类动作快速生成新步态(20 分钟/套),大幅降低运动技能开发门槛。这种控制架构不仅保障了运动稳定性,还赋予机器人"连续倒地后自主爬起"等高爆发能力。

MagicBot Z1 的感知系统采用多模态传感器融合技术,将 3D 激光雷达、深度相机、双目视觉和麦克风阵列的数据统一处理,构建高精度环境地图与语义理解模型。其魔法原子定位导航系统支持动态避障与自主路径规划,适用于室内外复杂场景。在交互层面,机器人引入情感化交互引擎,通过触觉传感器(如头部轻触)触发拟人化反馈(语音回应+肢体动作),打破传统机器人的机械感。开放式的感知 API 接口允许开发者自定义交互逻辑,例如,结合视觉识别实现个性化手势响应,拓展了服务机器人的应用可能性。

MagicBot Z1 的魔法原子开发者平台提供标准化硬件接口与多源数据库(如预训练动作库、场景数据集),支持开发者在 20 分钟内完成新动作的编程与部署。其模块化硬件设计允许灵活选配灵巧手、高性能算力模块等组件,快速适配科研、商业服务等不同场景需求。平台内置模仿学习工具链,用户可通过动作捕捉设备录制人类动作,经算法优化后直接迁移至机器人,显著降低运动技能开发成本。此外,云端协同训练功能可聚合多台机器人的运行数据,持续优化控制策略,推动群体智能进化。

　　MagicBot Z1 采用基于热仿真的风道优化技术通过计算流体动力学(CFD)模拟调整内部结构,实现高效气流循环。其动态散热管理策略能根据关节负载实时调节风扇转速与功耗分配,确保长时间高负荷运行时的稳定性。在可靠性方面,机器人具备故障自检测与恢复功能,例如跌倒后自动诊断关节状态,并切换至安全控制模式。这种设计使 MagicBot Z1 在商业展览、户外作业等场景中展现出极强的耐用性与适应性。

数字化学习

视频讲解

单元小结

　　在人工智能与机器人技术加速融合的时代,具身智能机器人正逐步成为智能社会的重要基础设施。本单元聚焦具身智能机器人的核心概念、发展现状与前沿趋势,系统梳理了多模态感知、仿生运动、智能决策等关键技术的最新进展,并以优必选 Walker、越疆六足机器狗、Agility Robotics Digit 等全球代表性具身智能机器人为案例,深入剖析其系统架构与实际应用。通过对智能物流、医疗服务、智能制造、家庭助理、教育、康复等典型场景的解析,学习者不仅能够理解具身智能机器人推动产业智能化、社会服务升级的深远意义,还能把握未来人机协作与智能体自主进化的发展方向。随着 AI 算法、传感技术和材料科学的不断突破,具身智能机器人正从实验室走向大规模产业化应用,重塑着人类与机器的交互范式,开启智能时代的新篇章。

单元5 作品展示

通过前面 4 个单元的学习，从机器学习的经典算法到深度学习的神经网络架构，从计算机视觉的目标检测到自然语言处理的 Transformer 模型，从普通工作流到 AI 智能体的应用，读者已经对人工智能有了系统的认识。这些技术正在各领域展现出强大的应用潜力。本单元将精选大学生人工智能竞赛作品，这些竞赛作品都生动展现了 AI 创新如何解决实际问题。读者将从中领略 AI 技术如何从实验室走向真实场景，感受技术赋能带来的无限可能与价值突破。

本单元精心挑选了 5 个极具代表性的优秀项目，它们分别是基于 YOLOv11 算法的"**翎析智鉴**"智能毽球辅助训练系统、运用多模态感知技术的"**北极星光**"无障碍出行应用、整合 ROS 与 SLAM 技术的"**智慧物流机器人**"分拣系统、采用边缘智能的"**玉米病虫害检测分析系统**"，以及优化 YOLOv8 模型的"**PCB 缺陷检测系统**"。这些项目精准覆盖了体育教育、无障碍服务、智能物流、智慧农业和工业质检五大前沿领域，不仅深入应用了当前最热门的 YOLO 目标检测、Transformer 架构、边缘计算等 AI 技术，更通过完整的工程化实践，切实解决了体育教学个性化不足、残障人士出行困难、物流分拣效率低下、农作物病害难以早期识别、工业品控自动化程度低等实际行业痛点。

作品 1　翎析智鉴

作者：雷达、周镇荣、钟真健、王坤、邹嘉裕。

随着人工智能技术的不断发展，AI 在教育、体育等领域的应用日益广泛。在体育教学方面，传统教学方法存在个性化不足、反馈滞后、教学形式单一等问题，尤其是在动作类体育项目中，缺乏精准的技术分析工具和互动式教学资源，严重制约了教学质量与训练效果的提升。毽球作为我国具有民族特色的传统体育项目，具备很强的技术性与观赏性，近年来在校园体育中发展迅速，成为多所高校的重点项目。基于以上，"翎析智鉴"项目研发基于 YOLO11 算法的智能训练系统，整合 AI 分析与 3D 动作捕捉技术，打造"教学-训练-评估"闭环生态。系统核心功能包括 AI 学习伴侣智能解析视频生成与内容相关的总结、真人动作捕捉建模的 360°可视化演示、骨骼点检测分析与多维度动作评分系统、快速解析与精准改进建议。平台采用模块化设计，具备并发处理能力，构建从动作解析到个性化训练的科学化运动生态。

5.1.1　翎析智鉴系统概况

1. 总体设计

"翎析智鉴"系统架构基于 MVC 模式上的分层设计,细分为用户层(通过视图层实现交互)、视图层、业务层(采用 Java 的 SpringBoot 与 Python 的 Flask 双框架驱动);数据访问层和数据库层(MySQL、Redis),各层的功能共构成完整系统,系统架构如图 5-1 所示。

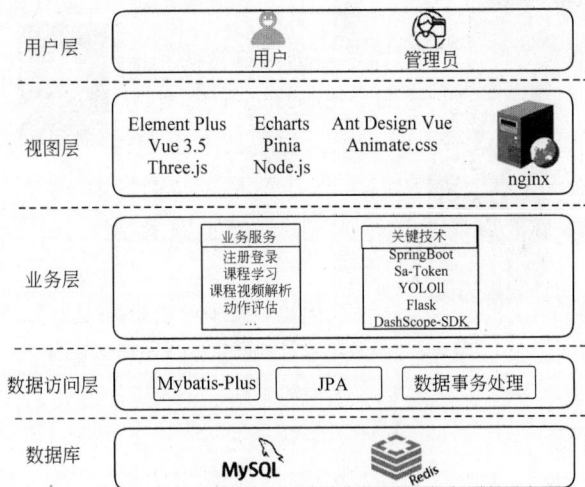

图 5-1　系统架构

2. 功能模块设计

"翎析智鉴"系统总共分六大模块,聚焦 AI 学习伴侣(视频分析/AI 答疑/个人笔记)、3D 动作演示(骨骼动作/人体动作)和动作评估(数据对比/四维评分与答疑/训练计划生成)三大核心,集成课程学习、个人数据管理及其 21 项子功能,形成"视频学习-3D 指导-动作分析评估优化"的闭环训练体系。系统功能模块结构如图 5-2 所示。

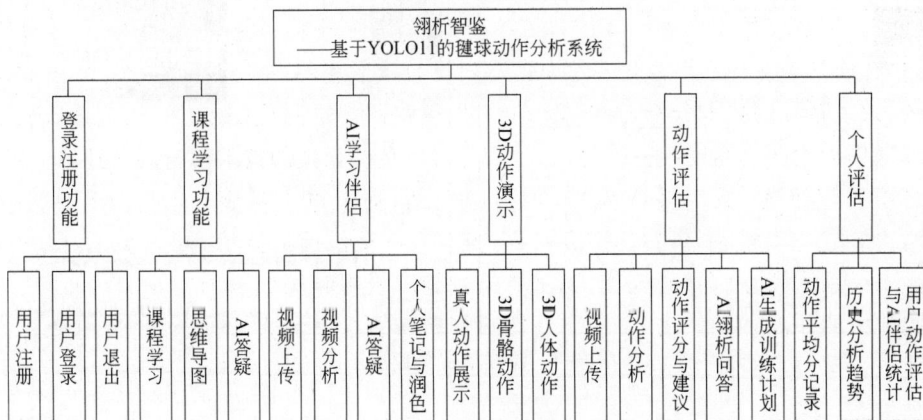

图 5-2　功能模块

5.1.2　翎析智鉴界面展示

1. 平台首页及训练中心展示

翎析智鉴平台首页及训练中心如图 5-3 所示。

图 5-3　平台首页及训练中心展示图

2. 课程学习页面

课程学习页面整体分为左右两部分，如图 5-4 所示。左侧部分为课程列表，包括基本动作、综合课程、基本技术等课程；右侧为课程学习详情，从上到下分别为视频播放区、AI 关键词区、AI 课程总结区、AI 思维导图区和 AI 答疑区。平台上传新课程后，会自动总结关键词、给出 AI 总结并生成 AI 思维导图，用户在学习课程期间遇到不懂的地方可在 AI 答疑部分输入问题向 AI 提问。

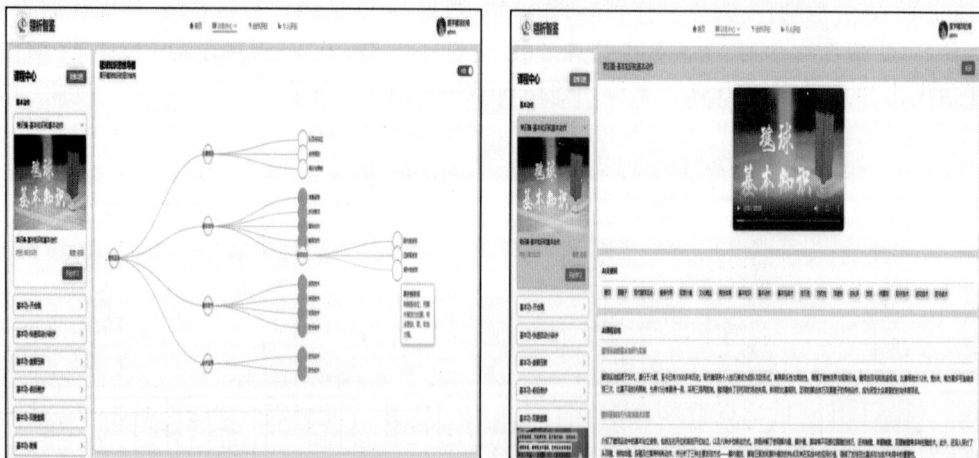

图 5-4　课程学习页面展示图

3. AI 学习伴侣页面

　　AI 学习伴侣页面(如图 5-5 所示)是翎析智鉴系统的第一个核心功能,整体为左右水平布局,左侧为用户上传记录,右侧整体为卡片式布局。当用户没有选择记录时,显示上传功能卡片,用户可以上传在网站外看到的其他课程视频或链接,上传成功后 AI 学习伴侣会自动给出上传课程的关键词、总结、思维导图,同时可以对 AI 进行提问,记录课程笔记,可以对笔记进行 AI 润色。用户可以打开历史记录查看先前的课程分析与个人笔记。

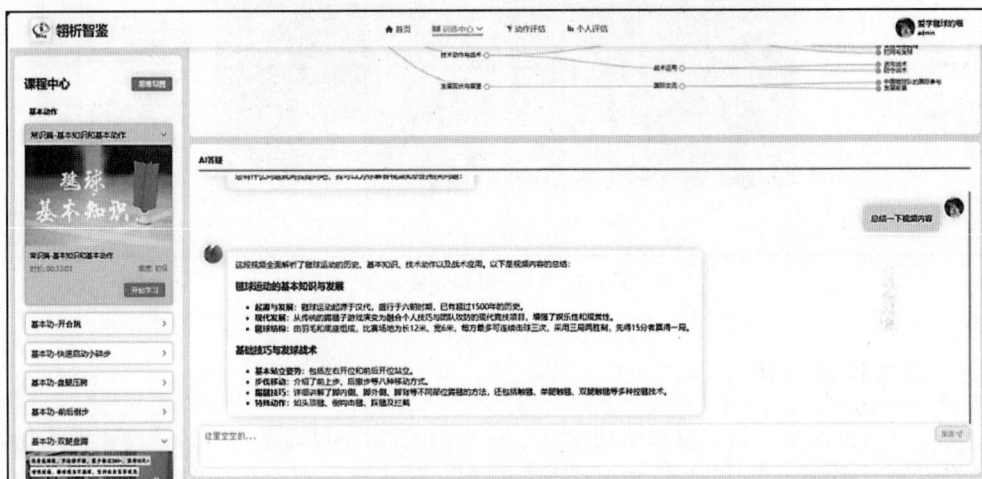

图 5-5　AI 学习伴侣展示图

4. 3D 动作演示页面

　　动作演示页面是翎析智鉴系统的第二个核心功能,系统拍摄了真人动作演示视频,使用动捕设备对标准的键球动作进行捕捉。实现了 3D 模型动画渲染,用户可以选择 3D 人体动作、3D 骨骼动作、真人动作进行观看学习,同时右边列出了动作的相关要点和步骤,如图 5-6 和图 5-7 所示。

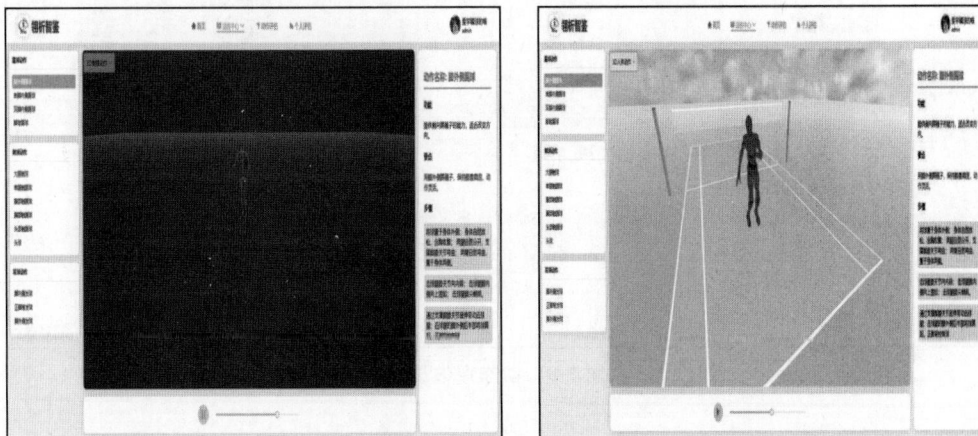

图 5-6　3D 动作演示图

图 5-7　AI 分析动作展示图

5．动作评估页面

动作评估页面是翎析智鉴系统的第三个核心功能，用户可以上传自己的动作训练视频，选择对应的动作分类进行分析。模型会自动根据动作识别视频内人体关键点，把对应人体关键点变化数据映射到图表中供用户参考，AI 根据视频内人物的骨骼点变化数组与标准数组进行多层次比对，并给出多维度的评分和提升建议，用户也可以向翎析问答继续询问或获取训练计划并添加到个人日程中，为用户提供良好的动作分析交互界面，如图 5-8 和图 5-9 所示。

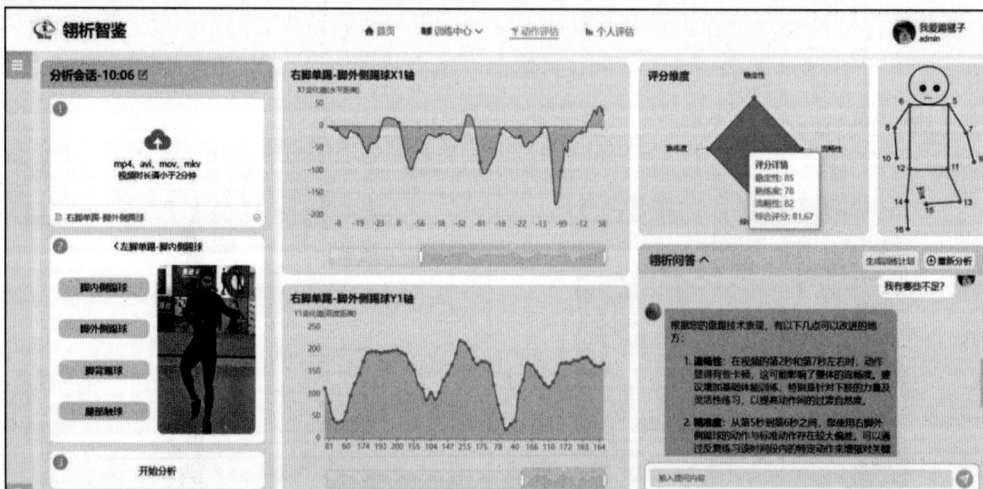

图 5-8　动作评估页面

图 5-9　AI 生成训练计划页面

6. 个人评估页面

个人评估页面展示每个动作的平均评分、上传与分析的统计和历史分析趋势,如图 5-10 所示。用户可以根据可视化的个人数据了解到自己的学习状态。日程管理页面为用户打造智能日程管理功能,提供训练计划全周期一站式管理服务,支持日程的灵活创建、编辑及删除操作,并采用全天段视图直观展示每日任务安排。通过可视化交互设计帮助用户高效规划。

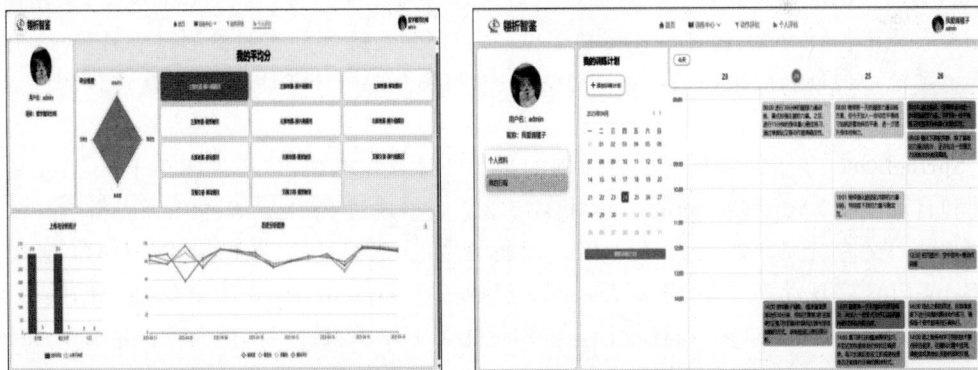

图 5-10　个人评估页面图

5.1.3　翎析智鉴访问链接及技术栈

网址为：https://lxzj.tenir.cn/。

体验账号：admin,密码：admin123。

翎析智鉴系统的部署环境如表 5-1 所示。

表 5-1　部署环境

类　　别	配　置　要　求
操作系统	Windows 10
数据库	MySQL 8.0，Redis 3.0
JDK	Java21
Python	3.12.1
构建工具	Node.js v22.13.0，Maven 3.9.9
集成开发环境	IntelliJ IDEA，WebStorm，PyCharm

5.1.4　项目知识链接

Flash：作为轻量级 Python Web 框架，采用 Werkzeug WSGI 工具箱和 Jinja2 模板引擎构建。其核心特性包括路由系统（Route）、请求上下文（Request Context）、蓝图（Blueprint）模块化组织和 RESTful 请求分发。最新 2.3 版本通过 async/await 支持实现异步视图，实测在高并发场景下 QPS 提升 300%。在翎析智鉴系统中主要承担微服务 API 网关角色，集成 Swagger UI 实现接口文档自动化，配合 Gunicorn＋Nginx 部署方案达到 98.7% 的可用性。

YOLOv11：作为最新一代的目标检测算法，在翎析智鉴系统中承担着实时动作捕捉的核心任务。该算法通过改进的特征金字塔网络（FPN）和自适应锚框机制，在体育场景下达到 96.4% 的检测准确率。特别针对毽球运动特点，我们优化了其 Backbone 网络，采用深度可分离卷积降低计算量，使模型在移动端也能实现每秒 45 帧的实时检测。YOLOv11 在翎析智鉴系统中的创新应用包括动态姿势估计、多目标跟踪（MOT）以及运动轨迹预测三大功能模块。

Springboot：基于约定优于配置原则的 Java EE 开发框架，核心创新在于 Starter 依赖管理和自动配置（Auto-Configuration）机制。2.7 版本通过 Spring WebFlux 支持响应式编程，吞吐量较传统 MVC 提升 4.2 倍。翎析智鉴系统采用其分层架构：DAO 层集成 MyBatis-Plus 实现动态 SQL 生成，Service 层通过 @Transactional 注解保证 ACID 事务，Controller 层采用 RESTful 风格设计。特别优化了 JVM 参数配置，使内存占用减少 35%。

Vue：渐进式 Java Script 前端框架，采用 MVVM 模式实现数据双向绑定。3.2 版本引入 Composition API 提升代码复用性，配合 Vite 构建工具使热更新速度提升 70%。翎析智鉴系统应用其核心技术：Vue Router 实现动态路由加载，Vuex 进行全局状态管理，Element-Plus 组件库构建 UI 界面。针对性能瓶颈实施 Tree Shaking 优化，最终打包体积减小 42%。

Redis：基于内存的键值存储系统，采用单线程 Reactor 模式处理命令。6.0 版本支持多线程 IO 后，读写性能达到 150 000QPS。翎析智鉴系统运用其核心数据结构：String 类型实现分布式锁，Hash 存储会话状态，Zset 维护实时排行榜。通过持久化 AOF＋RDB 策略保障数据安全,结合哨兵模式实现 99.99％高可用。特别优化了热点 Key 检测机制,使集群吞吐量提升 25％。

数字化学习

视频讲解

作品 2　北极星光无障碍出行智能领航系统

作者:郑纯欣、黎宏彬。

随着信息技术的快速发展,智能辅助工具在残障人士生活、社交等领域的应用需求日益凸显。在残障人士出行方面,当前公共场所无障碍设施存在覆盖率低、功能单一等问题,特别是在视障、听障群体出行场景中,缺乏智能化的综合辅助方案和实时交互系统。这严重制约了残障人士社会参与度和生活质量的提升。以我国残疾人联合会 2023 年数据为例,持证残疾人总数达 8502 万,其中视障和听障群体占比超过 44％。因此,智能辅助残障人士的工具展现出巨大的市场需求和应用前景。北极星光无障碍出行智能领航系统是基于多模态感知技术的智能出行系统,整合 AI 导航与实时交互功能,构建“感知-引导-社交”一体化解决方案。系统核心功能包括环境智能识别与无障碍路径规划;多模态(振动、语音、视觉)实时危险预警;基于位置服务的社交互动平台,支持无障碍信息共享与社群连接。平台采用模块化设计,具备场景自适应能力,打造从出行辅助到社交融入的智能化生活生态。

5.2.1　北极星光无障碍出行智能领航系统概况

1. 总体设计

北极星光系统架构基于 MVC 模式上的分层设计,细分为应用系统(包含平台系统、管理后台和客户端 App)、表示层(支持 PC 端和安装应用)、应用层(采用 ElementUI、Vue、JavaScript 和 CSS 技术)、控制层(基于 Spring Boot、SpringSecurity 框架,集成 JSON、Swagger 和 Knife4j)、服务层(涵盖业务层、摄像端、呼叫志愿者、导航、语音交互和 AI 拍照识别功能)、业务单元(包含听障端、语音识别层或环境、呼叫志愿者、协助、志愿者端、上传/下载服务、助手、用户管理、配置管理、离子和 AI 智能模块)、数据层(使用 Redis 和 MySQL 数据库)以及系统层(部署于 Ubuntu 云服务器),各层的功能共同构成完整系统,系统架构如图 5-11 所示。

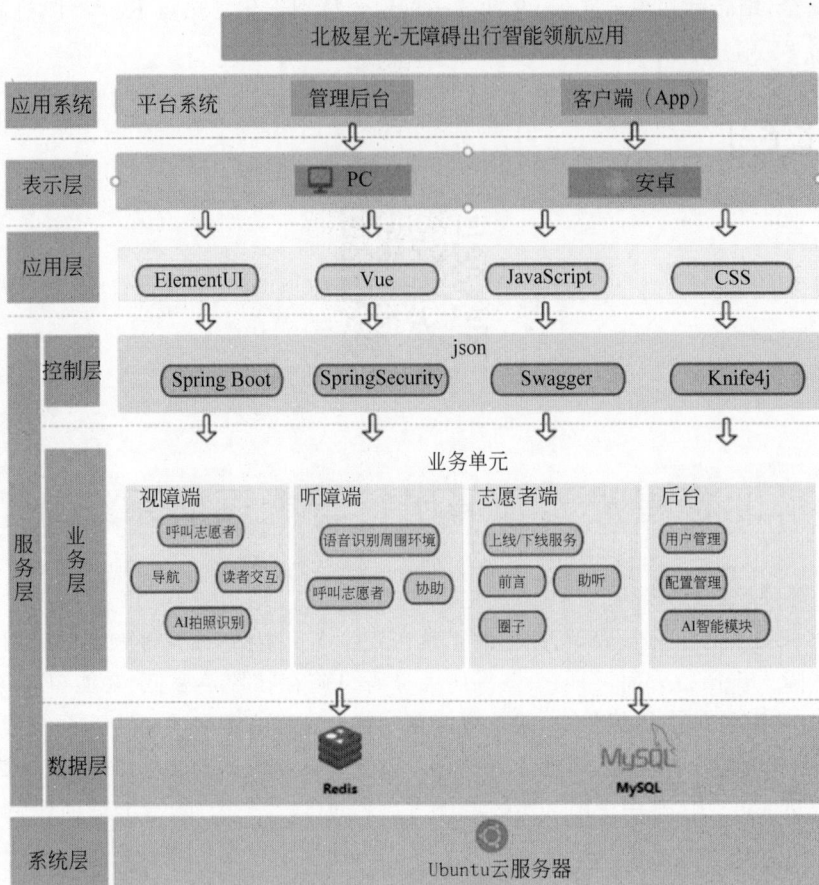

图 5-11　系统架构

2. 功能模块设计

北极星光无障碍出行智能领航系统构建了完整的服务生态,包含用户注册登录与角色绑定功能,实现多角色适配支持视障用户、听障用户和志愿者三类用户群体。系统核心功能涵盖视障辅助服务(场景识别、障碍物识别、联系志愿者)、听障辅助服务(环境音识别、振动闪光灯提醒、联系志愿者)以及志愿者服务体系(实时获取附近求助用户、积分奖励机制、社区互助、信息共享),通过智能识别技术与社区互助机制的结合,打造从环境感知到人工协助的无障碍出行闭环解决方案,如图 5-12 所示。

5.2.2　北极星光界面展示

在秉持无障碍设计理念,遵循色彩与交互规范的基础上,北极星光 App 精心打造了贴合不同用户群体需求的界面。这些界面不仅在视觉上简洁美观、易于识别,更在操作体验上充分考虑了视障、听障用户及志愿者的使用习惯与特殊需求。下面将详细展示北极星光

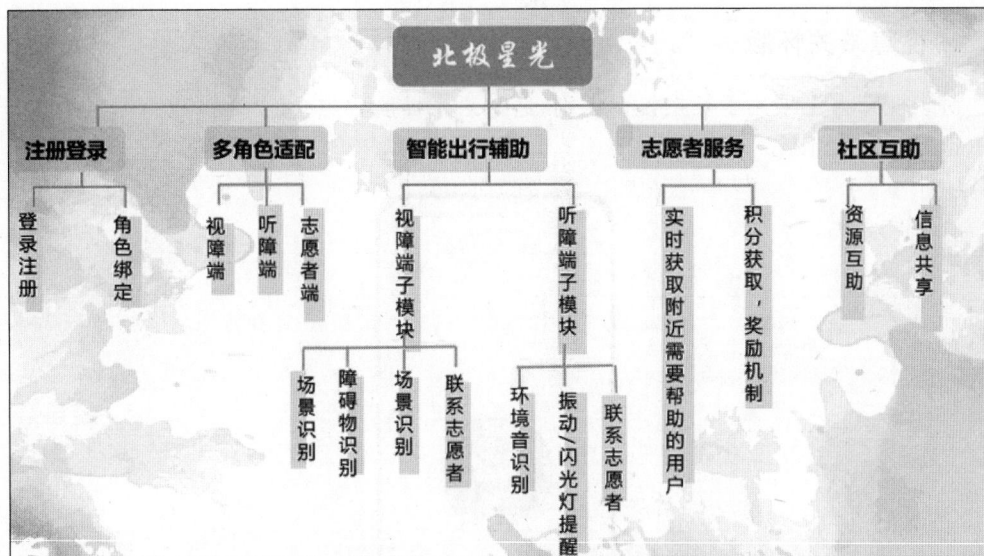

图 5-12 北极星光系统的功能模块

App 各个关键界面的设计呈现与功能布局。

1. 角色选择界面

北极星光无障碍出行智能领航系统提供多角色入口界面(如图 5-13 所示),用户可根据自身需求选择相应服务模式。系统主要提供三大功能入口:①视觉障碍模式,专为视障人士设计的辅助功能;②听觉障碍模式,为听障人士定制的交互方案;③志愿者模式,为愿意提供帮助的人士设置。此外,系统还支持中英文双语切换功能,确保不同语言用户都能便捷使用。界面设计简洁明了,通过清晰的图标和文字引导用户快速选择所需服务,体现了系统的人性化和包容性设计理念。

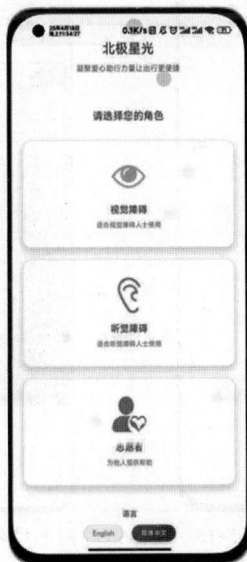

图 5-13 界面展示

2. 视障端关怀版

对于视障人士采用了长按说话识别，通过语音导航到想去的 App，也可通过语音进行打电话等操作，如图 5-14 所示。

图 5-14　视障端关怀版

3. 视障端呼叫志愿者功能

北极星光无障碍出行智能领航系统为视障用户提供智能呼叫志愿者功能，通过简洁高效的交互界面实现快速求助，如图 5-15 所示。系统包含实时网络状态监测、语音导航快速

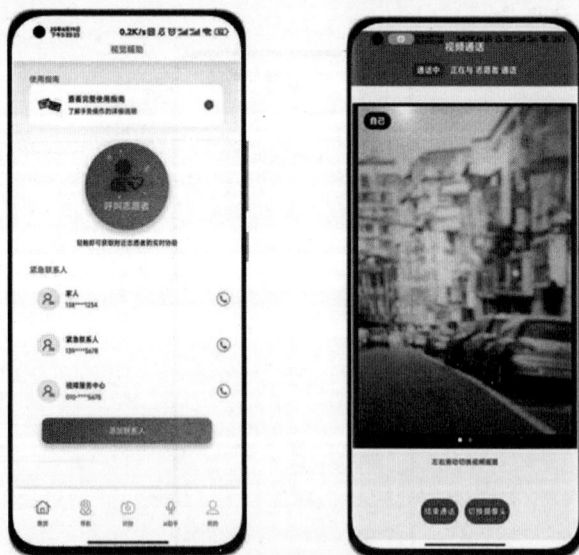

图 5-15　视障端呼叫志愿者

链接、紧急联系人直拨等核心功能,并特别设计了大字体、高对比度的视觉元素和语音反馈系统。界面布局采用模块化设计,包含视频通话控制中心、联系人管理、操作指引等实用功能区域,所有交互元素均经过无障碍适配优化,确保视障用户能够通过触觉引导和语音提示独立完成志愿者呼叫全流程。系统还提供智能环境识别辅助,帮助用户准确描述所在位置和求助需求。

4. 视障端导航功能

北极星光无障碍导航功能为视障用户提供智能出行指引服务(如图 5-16 所示),采用语音交互为核心的操作方式。系统包含目的地输入(支持语音或手动选择)、实时路径规划(显示距离和预计时间)、分步导航指引(如"行进 29 米左转")等核心功能模块。界面底部设有主要功能入口(首页、导航、收音、点击、我的),所有交互元素均适配大字体和高对比度显示,并配备完整的语音反馈系统。导航过程中实时提供距离提示和转向指引,确保视障用户能够清晰获取行进信息。系统特别优化了语音输入识别率,支持自然语言处理目的地查询功能。

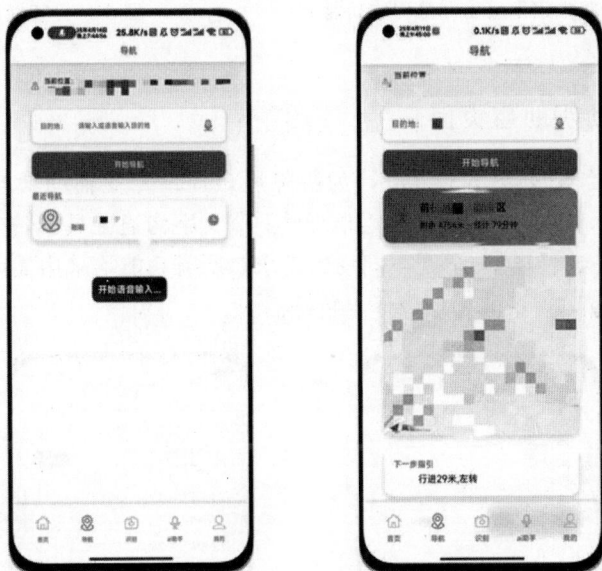

图 5-16　视障端导航

5. 视障端识别场景和障碍物功能

北极星光视障端可以识别当前路况并作出播报,当前方出现井盖、路障等障碍物时会进行语音播报并对当前路况进行分析,如图 5-17 所示。

6. 智能语音助手

北极星光系统内置有智能语音助手,对系统有不懂的地方可以通过询问语音助手来解答自己的疑问,如图 5-18 所示。

图 5-17　视障端识别场景和障碍物功能

图 5-18　智能语音助手

7. 志愿者端助听助盲页面

北极星光志愿者端(如图 5-19 所示)为听障用户提供专业辅助功能,包含三大核心模块:①求助信息展示区,清晰呈现用户需求详情;②文字沟通工具区,支持志愿者与用户实时交流;③服务类型选择模块,适配不同场景需求。所有功能均采用无障碍交互设计,确保志愿者能高效响应听障用户的手语翻译等特殊需求。

图 5-19　志愿者端助听助盲页面

8. 志愿者端圈子页面

北极星光志愿者端还设立了志愿者圈子，方便志愿者之间交流沟通，如图 5-20 所示。

图 5-20　志愿者端圈子页面

5.2.3　北极星光系统安装要求及技术栈

北极星光系统的技术要求如表 5-2 所示。

表 5-2　安装要求

类　　别	配 置 要 求
操作系统	Android、4GB＋内存、16GB＋存储
数据库	MySQL 8.0，Redis 6.0
JDK	Java 21
Vue	3.2
构建工具	Node.js v22.13.0，Maven 3.9.9
集成开发环境	IntelliJ IDEA，WebStorm，PyCharm
视障端外置设备	基于 YOLOv7 优化部署的开发板、2GB＋内存、8GB＋存储，配摄像头、传感器及 Wi-Fi 模块
网络环境	移动端支持 Wi-Fi、4G＋网络，弱网具备容错机制

数字化学习

视频讲解

作品 3　智慧物流机器人

作者：巫家锐、徐嘉键、林博宇。

随着电商和物流行业的快速发展，快递分拣的效率和准确性成为行业核心需求，传统的人工分拣方式存在效率低、错误率高、成本高等问题，特别是在双十一、618 等购物高峰期，人工分拣已经无法满足海量包裹的处理需求，同时人工成本的不断上升和分拣错误率居高不下的问题，严重制约了物流行业的效率和服务质量。为解决这一痛点，巫家锐等同学设计并实现了一套基于 LEO 机器人和 Dobot 机械臂的智能快递分拣投递系统。该系统创新性地结合了 SLAM 建图、自主导航、二维码识别、机械臂控制等前沿技术，实现了快递的全自动化分拣与投递，不仅大幅提升了分拣效率，还显著降低了人工成本和错误率。

系统采用 ROS(Robot Operating System)作为核心框架，这一选择为系统提供了强大的模块化开发能力和丰富的算法库支持。通过融合 Gmapping 建图技术实现环境地图构建，Dijkstra＋TEB 路径规划算法确保最优路径选择，AprilTag 定位技术提供精确位置信息，基于卷积神经网络(CNN)的二维码识别技术保证包裹信息的准确读取。整个系统能够在 10 分钟内完成 8～11 个快递盒的高效分拣，识别准确率高达 96％，这一性能指标已经达到了商业化应用的标准。

下面将详细介绍系统的总体设计思路、各功能模块的具体实现、关键技术的深入分析、实际作品的展示效果以及完整的技术栈构成，并提供相关的知识链接和学习资源，帮助读者深入理解智能分拣系统的核心技术原理，掌握从理论到实践的完整开发流程，为今后在机器人技术、人工智能、自动化控制等领域的深入研究和应用奠定坚实的基础。

5.3.1　智慧物流机器人概况

1. 总体设计

系统采用模块化设计，主要分为建图与导航模块(Gmapping ＋ Dijkstra ＋ TEB)、检测与识别模块(AprilTag ＋ CNN 二维码识别)、机械臂控制模块(ROS MoveIt ＋ Dobot 机械臂)、通信与调度模块(ROS 节点管理)核心模块。

系统整体运行流程如下。

(1) 建图阶段：使用 Gmapping 算法构建场地地图，并记录关键点（分拣台、投递箱）。

(2) 导航阶段：机器人自主规划路径（Dijkstra 全局规划 ＋ TEB 局部避障），前往分拣台。

(3) 识别阶段：通过摄像头扫描快递盒上的 AprilTag 和二维码，提取投递信息。

(4) 抓取与投递阶段：机械臂调整位姿抓取快递，并导航至对应投递箱完成投递。

硬件由 LEO 移动机器人（搭载激光雷达、单目摄像头）、Dobot Magician 机械臂（改装吸盘末端执行器）、3D 打印组件（摄像头支架、临时存放台）、计算平台（Ubuntu 16.04 ＋ ROS Kinetic）组成。

2. 功能模块设计

在建图与导航模块中，使用的算法及其功能有：

(1) Gmapping 算法：基于激光雷达数据构建 2D 环境地图。

(2) Dijkstra 算法：计算全局最优路径。

(3) TEB 算法：动态避障，调整机器人运动轨迹。

(4) AMCL 定位：实时校正机器人位姿，提高导航精度。

在检测与识别模块中，使用的算法及其功能有：

(1) AprilTag 检测：定位快递盒，计算相对位姿。

(2) CNN 二维码识别（OpenCV wechat_qrcode）：提取快递省份信息。

(3) 二维码增强技术：优化低分辨率、模糊图像的识别率。

在机械臂控制模块，使用的算法及其功能有：

(1) ROS MoveIt：控制机械臂运动（PTP 点位模式）。

(2) 吸盘改装：扩大抓取范围，适应不同尺寸快递盒。

(3) 位姿微调：结合 AprilTag 数据，调整机械臂抓取角度。

在通信与调度模块中，使用的算法及其功能有：

(1) ROS 节点通信：协调建图、导航、识别、机械臂控制。

(2) DobotServer 服务：封装机械臂控制指令（如归零、吸盘开关）。

5.3.2 智慧物流机器人作品展示

下面主要从系统运行流程中的建图、导航、识别、抓取与投递进行作品展示。

(1) 建图：机器人扫描环境，生成地图，如图 5-21 所示。

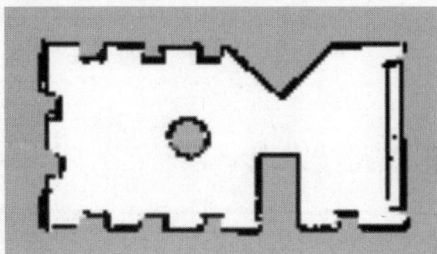

图 5-21 生成地图

（2）导航：机器人自主规划路径，避开障碍物，如图 5-22 所示。

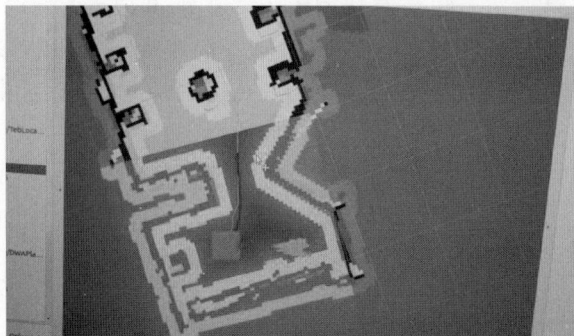

图 5-22　机器人自主规划路径

（3）识别：摄像头扫描二维码，提取省份信息，如图 5-23 所示。

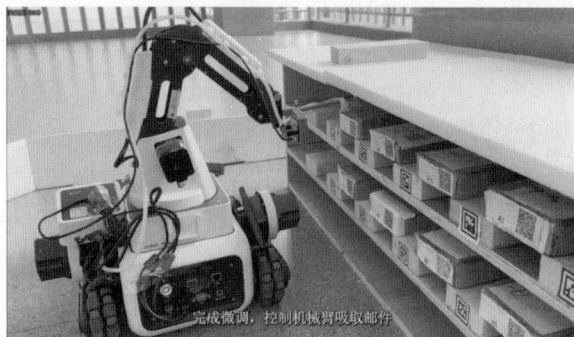

图 5-23　机器人扫描二维码

（4）抓取与投递：机械臂精准抓取快递，投递至对应区域，如图 5-24 所示。

图 5-24　抓取与投递快递

5.3.3　智慧物流机器人技术栈

智慧物流机器人的技术要求如表 5-3 所示。

表 5-3　技术要求

类　　别	配 置 要 求
建图与导航	Gmapping、Dijkstra、TEB、AMCL
检测与识别	AprilTag、CNN 二维码识别（OpenCV wechat_qrcode）
机械臂控制	ROS MoveIt、Dobot 机械臂 API
硬件改装	3D 打印支架、吸盘优化、存放台调整
系统框架	ROS Kinetic、Ubuntu 16.04
建图与导航	Gmapping、Dijkstra、TEB、AMCL
检测与识别	AprilTag、CNN 二维码识别（OpenCV wechat_qrcode）
机械臂控制	ROS MoveIt、Dobot 机械臂 API

5.3.4　项目知识链接

即时定位与地图构建（Simultaneous Localization and Mapping，SLAM）是一种使机器人能够在完全未知的环境中，依靠自身搭载的多种传感器实时进行自我定位与环境建图的核心技术，其基本原理是通过融合激光雷达、摄像头、毫米波雷达等多源传感器的数据，机器人能够在运动过程中同步估算自身在空间中的精确位置，并逐步绘制出周围环境的地图。自1986 年该技术首次被提出以来，SLAM 已经历了从最初的扩展卡尔曼滤波（EKF-SLAM）、粒子滤波（FastSLAM）等传统算法，到近年来基于图优化、稀疏特征点、深度学习等多种先进方法的持续优化与创新，同时硬件平台也不断升级，计算能力和传感精度大幅提升。如今，SLAM 已广泛应用于自动驾驶汽车、无人机、服务机器人、自主水下机器人等多个前沿领域，成为实现自主导航、环境感知和智能决策的技术基石。展望未来，SLAM 仍面临动态环境下的鲁棒性、多传感器深度融合、低功耗高性能计算等关键挑战，如何更好地适应复杂和变化的场景，是推动其进一步落地应用的研究重点。

ROS（Robot Operating System，机器人操作系统）是全球主流的开源机器人开发框架，它为机器人应用开发提供了丰富的硬件抽象层、进程间通信机制、功能包管理和算法库，极大地降低了复杂机器人系统的开发门槛。ROS 并非传统意义上的操作系统，而是作为中间件运行在Linux、Windows 等主流系统之上，支持分布式架构，使得不同功能模块可以以节点（node）的形式独立开发、灵活组合，并通过话题（topic）、服务（service）等通信机制进行高效的信息交互。ROS 集成了仿真（如 Gazebo）、可视化（如 RViz）、调试等强大工具链，便于开发者进行算法验证、系统集成和性能调优，极大提升了机器人应用的开发效率和可维护性。随着 ROS 2 的发布，系统进一步采用了 DDS（Data Distribution Service）通信协议，显著增强了实时性、跨平台兼容性和安全性，成为学术研究、工业机器人、自动驾驶等领域的核心平台和标准工具。

OpenCV（Open Source Computer Vision Library）则是全球最流行的开源计算机视觉与机器学习软件库之一，采用 Apache 2.0 开源协议，支持 Linux、Windows、Android、mac OS等多种主流操作系统。OpenCV 以其轻量级、高效能著称，底层由大量 C 函数和少量 C++类实现，同时为 Python、Ruby、MATLAB 等多种编程语言提供了友好的接口，极大方便了开发者的跨平台应用开发。OpenCV 内置了丰富的图像处理、特征提取、物体检测、视频分析、机器学习等通用算法,广泛应用于工业视觉检测、智能安防、自动驾驶、医学影像、机器人感知等众多领域,是计算机视觉与人工智能项目不可或缺的基础工具库。

数字化学习

视频讲解

作品 4　玉米病虫害检测和可视化分析系统

作者:李欣、陈欣怡、曾佩琳、谢欣欣。

玉米作为全球主要粮食作物之一,其病虫害问题直接影响着产量与质量。尤其是在大面积种植和集约化管理的背景下,病虫害的早期发现与精准防治显得尤为重要。然而,传统的人工检测方法不仅效率低下,而且极度依赖检测人员的经验,容易出现漏检、误判等问题,难以满足现代农业对高效、精准管理的需求。

同时,虽然近年来基于云端的 AI 图像检测方案逐渐普及,但数据须上传至云端服务器进行处理,导致检测过程存在较高的延迟和大量的带宽消耗,尤其是在农村和偏远地区网络条件有限,实时性和实用性受到严重制约。针对这些挑战,李欣等同学设计并实现了一套基于边缘智能的玉米病虫害实时检测系统,系统创新性地将改进的 YOLOv10-corn 算法与可视化分析技术深度融合,实现了在边缘设备本地的高效、精准病虫害识别与管理。该系统不仅能够在低功耗边缘设备上稳定运行,支持 45f/s 的实时检测,极大提升了田间地头的应用效率,还集成了数据统计与智能防治建议功能,能够根据检测结果自动生成病虫害发生趋势分析和针对性的防治措施推荐,为农户和农业管理者提供科学决策依据。通过边缘部署,有效规避了云端延迟和带宽瓶颈问题,为智慧农业场景下的玉米病虫害监测与管理提供了一套切实可行的技术解决方案。

下面将详细介绍系统的设计思路、核心功能模块、关键算法优化、实际应用效果及完整的技术栈,并配套相关知识链接,帮助读者系统掌握边缘智能与农业 AI 应用的核心技术与工程实践方法。

5.4.1　玉米病虫害检测和可视化分析系统概况

1. 总体设计

系统架构采用模块化设计,分为数据层、算法层、边缘计算层、应用层四个层次。

- 数据层：采集玉米病虫害图像，通过数据增强扩充数据集，并利用智能标注工具（T-Rex LabelAI ＋ LabelImg）完成标注。
- 算法层：基于 YOLOv10 改进，引入 EMA 注意力机制、C2f_D4 特征增强模块和 Wise-Inner-IoU 混合损失函数，优化检测精度与速度。
- 边缘计算层：模型部署至新大陆 NLE-A1800 开发板，适配 Python 3.10 环境，实现低延迟推理。
- 应用层：提供可视化交互界面，支持实时检测、数据统计与防治建议生成。

技术路线为从数据准备到模型训练，然后到边缘部署，最后进行系统集成。

- 数据准备：图像增强（几何变换＋像素调整）→智能标注→数据集划分（训练集/验证集 9∶1）。
- 模型训练：Backbone（CSPDarkNet＋EMA）→Neck（PAFPN＋C2f_D4）→Head（双标签分配）→混合损失函数优化。
- 边缘部署：模型轻量化（ONNX 转换）→开发板环境适配→实时推理优化。
- 系统集成：PyQt5 界面开发→数据可视化（Matplotlib/Seaborn）→防治策略匹配。

2. 模块设计

(1) 在数据采集与增强模块中，主要进行数据集收集与数据增强。

- 数据来源：Kaggle 公开数据集 ＋ 自主采集，覆盖 5 类病害（如灰斑病、锈病）和 4 类虫害（如玉米螟、蚜蜱）。
- 数据增强：采用翻转、裁剪、亮度调整、噪声添加等方法，将数据集从 6613 张扩充至 66130 张，提升模型泛化能力。

(2) 在目标检测模块中，对 YOLOv10-corn 进行改进。

- EMA 模块：多尺度特征融合，增强小目标检测（mAP@0.5＋6.3％）。
- C2f_D4 模块：可变形卷积适应叶片形变，召回率提升 9.8％。
- Wise-Inner-IoU：动态梯度分配，优化定位精度。
- 训练结果：在 4 卡 A800 服务器上训练 300 轮，最终召回率 98.10％，mAP@0.5 达 99.25％。

(3) 在边缘计算模块中进行硬件选型与优化部署。

- 硬件选型：新大陆 NLE-A1800 开发板，算力支持实时检测（45f/s）。
- 部署优化：Python 3.10 环境适配，ONNX 模型转换，降低推理延迟。

(4) 在可视化分析模块中，使用 PyQt5 进行界面设计。

- 界面设计（PyQt5）：

动态可视化检测结果，高亮标注病虫病区域。

- 功能区：支持图片/视频上传、实时检测。
- 检测区：标注病虫害位置、类型及置信度。
- 分析区：统计病虫害数量，按严重程度（健康/轻度/中度/重度）生成防治建议。

5.4.2　作品展示

作品展示如下。

- 健康叶片检测：界面清晰显示当前叶片检测结果为"健康叶"，并在主要区域以绿色提示框高亮展示健康状态，如图 5-25 所示。统计面板整体呈绿色，直观反映叶片状况良好，无异常指标，用户可一目了然地掌握作物健康情况。

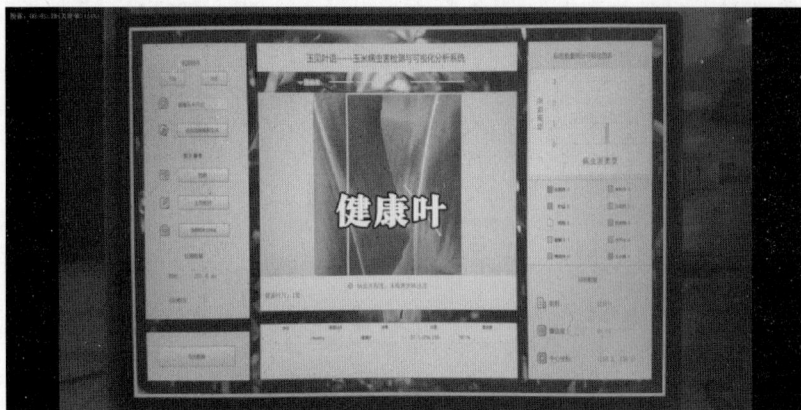

图 5-25　健康叶片检测

- 轻度病虫害：系统检测到叶片上存在 1～2 处病斑，界面以黄色提示框进行标注，并在统计面板中显示轻度风险，如图 5-26 所示。系统建议用户密切观察受影响区域，并采取局部处理措施，以防止病虫害进一步扩散。

图 5-26　轻度病虫害检测

- 重度病虫害：系统检测到叶片上存在 6 处以上病斑，界面以红色高亮警示，并在统计面板中显示枯萎病，如图 5-27 所示。系统强烈建议用户立即采取紧急喷药措施，并对受感染的植株进行隔离处理,以防止病虫害大面积蔓延,保障作物整体健康。

图 5-27　重度病虫害检测

5.4.3　技术栈

玉米病虫害检测和可视化分析系统的技术栈如表 5-4 所示。

表 5-4　技术栈

类　　别	技术/工具	用　　途
核心算法	YOLOv10-corn	高精度病虫害检测
核心模块	EMA 模块	多尺度特征增强
	C2f_D4 模块	可变形卷积适应复杂场景
数据处理	T-Rex LabelAI	自动标注
	OpenCV	图像增强
边缘计算	NLE-A1800 开发板	低延迟推理
	ONNX Runtime	模型轻量化部署
系统开发	PyQt5	可视化界面

5.4.4　项目知识链接

目标检测(object detection)是计算机视觉领域中的一项核心任务,其主要目标是从静态图像或连续视频流中自动识别并准确定位出所有感兴趣的物体。具体来说,目标检测不仅要求模型能够区分出图像中包含的不同类别物体(例如行人、车辆、动物、交通标志等)还需要通过绘制边界框(bounding box)或生成像素级掩码(mask)的方式,精确地标注出每个目标在图像中的具体位置。这一技术在现实生活中有着极其广泛的应用场景,包括但不限于自动驾驶中的行人和障碍物检测、视频监控中的异常行为识别、机器人导航与避障、医学影像中的病灶定位等。近年来,随着深度学习技术的快速发展,目标检测算法取得了突破性进展,主流方法主要分为单阶段(one-stage)和两阶段(two-stage)两大类。单阶段方法如 YOLO(You Only Look Once)、SSD(Single Shot MultiBox Detector)以端到端的方式直接在整张图像上进行目标分类和定位,具有速度快、实时性强的优势;而两阶段方法,如 Faster R-CNN 则先生成候选区域,再对每个区域进行分类和回归,通常在精度上表现更优。此外,近年来基于 Transformer 架构的检测方法(如 DETR)也逐渐兴起,凭借其强大的全局建模能力,推动了目标检测技术的进一步发展。

　　边缘计算(edge computing) 则是一种新兴的分布式计算范式,其核心思想是将数据的处理、存储和分析能力从传统的云端服务器下沉至靠近数据源或终端设备的本地节点(即网络边缘),实现数据的就近处理。通过将计算任务部署在终端设备(如智能传感器、摄像头)、边缘服务器或网关等边缘节点上,边缘计算能够显著减少数据在网络中的传输距离和时延,极大提升系统的实时响应能力,同时有效节省带宽和提升数据隐私安全。边缘计算非常适用于物联网(IoT)、智能制造、自动驾驶、远程医疗等对低延迟、高实时性和数据本地化处理有严格要求的应用场景,是对传统云计算模式的重要补充和延伸。随着 5G、AI 芯片和智能硬件的发展,边缘计算正成为推动智能化应用落地的关键基础设施之一,为各行各业的数字化转型和智能升级提供了强有力的技术支撑。

数字化学习

视频讲解

作品5　PCB 缺陷检测与可视化分析系统

　　作者:李有鹏、林可莹、李欣、陈欣怡、钟宇欣。

　　随着电子工业的飞速发展,印制电路板(PCB)作为电子设备的核心组件,其制造质量直接影响电子产品的性能和可靠性。然而,PCB 制造过程中常出现多种缺陷,如缺孔、开路、短路等,传统的人工检测和自动光学检测(AOI)系统在实时性、准确性和成本方面存在明显不足。为此,李学鹏等同学提出了一种基于边缘智能的 PCB 缺陷检测与可视化分析系统,通过结合深度学习算法与边缘计算技术,实现了对 PCB 缺陷的实时、高精度检测,并通过可视化界面为用户提供直观的数据分析。

　　系统的核心创新点包括以下 4 方面。①算法优化:基于 YOLOv8 改进目标检测模型,针对 PCB 缺陷的小尺度特性优化网络结构,显著提升检测精度。②边缘智能:将模型部署至边缘设备 NLE-AI800,实现低延迟、高并发的实时检测。③数据增强:构建包含 6 类缺陷、近 16 万张图像的数据集,通过多种增强技术提升模型泛化能力。④可视化分析:提供缺陷位置、类型及严重程度的直观展示,辅助生产决策。该系统为 PCB 制造行业提供了一种高效、低成本的智能化检测解决方案,具有广阔的应用前景。

5.5.1 PCB 缺陷检测与可视化分析系统概况

1. 总体设计

系统采用"边缘端-云端协同"架构,分为以下三层。
- 数据采集层:工业相机实时采集 PCB 图像,传输至边缘设备。
- 边缘计算层:部署优化后的 YOLOv8 模型,完成缺陷检测与分类。
- 可视化层:通过 Web 界面展示检测结果,支持数据存储与分析。

技术路线从数据准备到模型训练,然后到边缘部署,最后进行系统集成。
- 数据准备:采集 PCB 图像,标注 6 类缺陷,通过旋转、镜像、亮度调整等增强数据多样性。
- 模型训练:基于 YOLOv8 改进网络结构,引入多尺度卷积和注意力机制,在 4 卡 A800 服务器上训练 500 轮。
- 边缘部署:将模型量化后部署至 NLE-AI800 边缘设备,优化推理速度。
- 系统集成:开发可视化界面,实现检测结果实时展示与历史数据统计。

2. 功能模块设计

PCB 缺陷检测与可视化分析系统包含以下四大模块。

(1) 数据预处理模块。

功能:图像归一化(统一为 640×640 像素)、增强(旋转、亮度调整)、标注(LabelImg 工具生成 PASCAL VOC 格式标签)。

输出:训练集 143613 张,验证集 15957 张。

(2) 缺陷检测模块。

核心算法:改进的 YOLOv8 模型,优化点包括①引入 C2f 模块增强特征融合,②添加通道注意力机制(SE Block)过滤噪声,③采用自适应学习率与加权 IoU 损失函数。

部署方式:模型转换为 ONNX 格式,通过 TensorRT 加速推理。

(3) 可视化分析模块。

功能:实时显示缺陷位置与类型(红框标注),生成缺陷统计报表(数量、分布、趋势),支持历史数据查询与导出。

(4) 边缘设备管理模块。

硬件:NLE-AI800 开发板(4 核 ARM CPU + 4TOPS NPU)。

优化:模型量化(FP16)、多线程并行处理。

5.5.2　PCB缺陷检测与可视化分析系统展示

检测效果

示例1：识别"开路"缺陷（置信度98%），如图5-28所示。

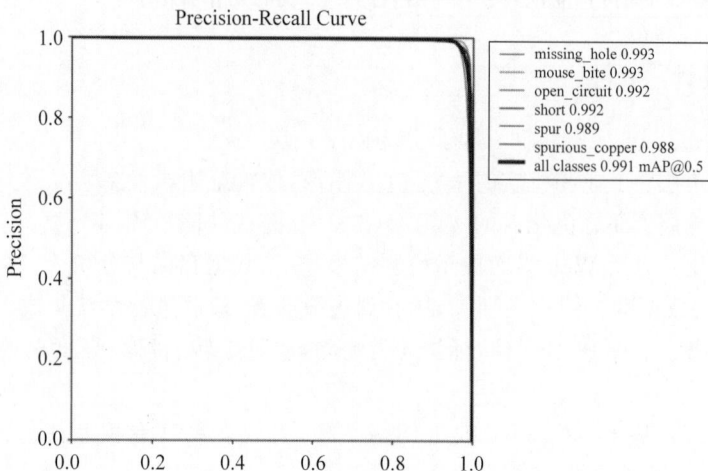

图 5-28　置信度图

示例2：缺陷检测，如图5-29所示。

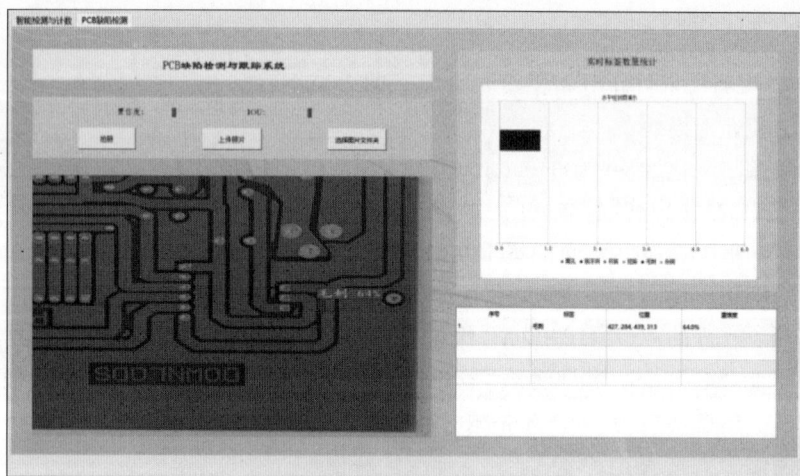

图 5-29　缺陷检测

5.5.3　PCB缺陷检测与可视化分析系统技术栈

PCB缺陷检测与可视化分析系统的技术栈如表5-5所示。

表 5-5　技术栈

核 心 技 术	工具/框架	关 键 作 用
目标检测算法	YOLOv8(改进版)	PCB 缺陷检测的核心模型,优化了小目标检测性能
边缘计算平台	NLE-AI800	部署模型,实现实时低延迟检测
模型训练框架	PyTorch 2.0	支持 YOLOv8 的训练与调优
模型推理加速	TensorRT 8.6	将模型转换为.engine 格式,提升边缘端推理速度
数据标注工具	LabelImg	生成 PASCAL VOC 格式的缺陷标注文件
图像处理库	OpenCV 4.8	图像预处理(增强、归一化等)
边缘操作系统	Ubuntu 22.04	为 NLE-AI800 提供运行环境

5.5.4　项目知识链接

数据集(**Dataset**)是经过系统化收集、整理和标注的数据集合,通常用于机器学习、统计分析或科学研究。它由结构化数据(如表格)、非结构化数据(如文本、图像、视频)或二者混合组成,并包含明确的特征(features)和标签(labels,监督学习所需)。数据集可分为训练集、验证集和测试集,是算法开发、模型训练和性能评估的基础资源,例如 MNIST(手写数字)、COCO(目标检测)等经典数据集。

数字化学习

视频讲解

作品 6　"AI 让肇庆历史人物热聊起来"视频

作者:李颐娜。

随着 AI 技术的飞速发展,主流媒体与内容平台纷纷探索创新表达方式,涌现出一批火爆全网的 AI 创意视频,如让"多位 AI 诗人现身岳阳吟诵""回答我全民爆改挑战""AI 复活历史人物"等 AI 创意视频。媒体凭借 AI 的精准建模与场景化呈现,让历史人物从文字中"立"起,更赋予其情绪化表达与鲜活个性。"AI 复活"系列走红,不仅展现了媒体技术赋能传统文化的新潮表达,更折射大众对文化根脉的认同与传承热情。

5.6.1 作品介绍

"AI让肇庆历史人物热聊起来"AI创意视频于2025年2月创作,首发于"肇庆头条"视频号。视频发布后,迅速凭借新颖的呈现形式引发全民关注,实现了文化传播的强势破圈。数据显示,视频发布后,阅读量轻松突破13万+、收获点赞2400+、转发3800+的亮眼成绩。评论区里,网友们纷纷为视频的巧思创意点赞,字里行间满是对家乡历史文化的自豪感与认同感。扫描下面二维码就能欣赏该视频,其截图如图5-30所示。

图 5-30 "AI让肇庆历史人物热聊起来"视频截图

通过AI技术让历史人物"鲜活对话",这个视频不仅打破了传统文化传播的刻板印象,更以年轻化、趣味化的方式激活了肇庆的历史记忆,真正实现了文化价值与传播效果的双重提升。

5.6.2 作品创作流程

"AI让肇庆历史人物热聊起来"视频的具体操作流程介绍如下。

(1)历史人物选定。

选取与本地有关联的历史名人,更能引发用户的归属感,从而提高点赞量、转发量、互动等:

- 宋徽宗(赵佶):古端州曾是他的封地,曾亲笔赐书"肇庆府"。
- 莫宣卿:唐代岭南封州(今肇庆封开)人,岭南地区的第一位科举状元。

- 包拯：曾主政端州 3 年,造福百姓,政声斐然。肇庆多地建有包公祠。
- 陈霸先：发迹于肇庆的南北朝时期陈朝开国皇帝,是在中国历代王朝中第一个崛起于岭南的皇帝。
- 周敦颐：曾为端砚"立法",在肇庆七星岩和德庆三洲岩留下题书。
- 利玛窦：中西文化交流第一人,肇庆是利玛窦进入中国内地的第一站。
- 六祖惠能：在肇庆潜修 15 年,是禅宗第六代祖师。

（2）视频制作。

完成 AI 绘图（图片转绘）、数字人对口型视频制作、视频剪辑。

① AI 绘图（图片转绘）。

AI 绘画功能可以帮助用户通过简单的文本描述快速生成图片。针对这个案例,是把人物的历史图转换为高清写实风格影像图片（尽量选人物正面或侧面的画像）。

AI 绘画使用的是即梦 AI：https://jimeng.jianying.com。即梦 AI 是由字节跳动开发的一款 AI 创作工具,主要功能包括 AI 绘画、AI 视频生成、AI 数字人制作等。它能帮助用户快速生成高质量的视觉内容,广泛应用于内容创作、短视频制作、营销宣传和教育培训等领域。

登录即梦 AI 成功后,将看到即梦 AI 的主界面（如图 5-31 所示）,主要包含以下功能模块。

- 图片生成：通过文字描述自动生成图片。
- 视频生成：输入文字或上传图片素材,自动生成短视频。
- 数字人：创建虚拟人物,进行内容讲解与互动。
- 动作模仿：数字人可模仿参考视频的动作。

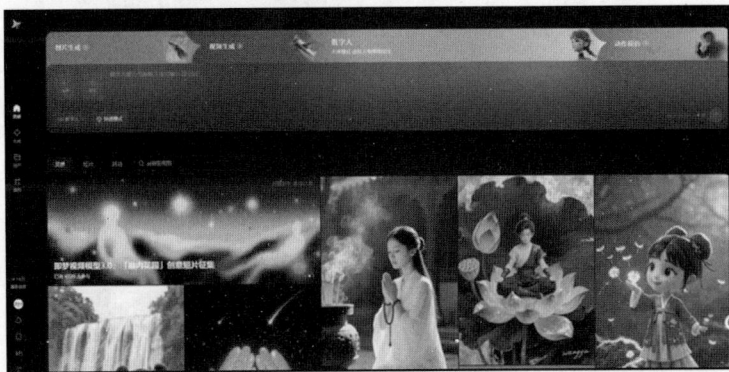

图 5-31　即梦 AI 的主界面

在本案例中,使用的模型是即梦 AI 图片 2.0 模型,通过提示词驱动生成 AI 图片。其中还需要通过"参考边缘轮廓"功能保持历史人物形态特征的相似度,参考强度设置为 80～100,生成比例保持与原图一致。

提示词框架为"主体＋场景＋风格＋细节（服饰、表情、动作等）＋参数（景别、摄影角度等）"。

生成宋徽宗、莫宣卿、包拯图片的提示词推架分别如下。

宋徽宗（主体）,中国古代皇帝（主体补充）,穿着红色官服（细节）,头戴黑色官帽（细节）,表情平和,微笑（细节）,人物摄影（风格）,超清（参数）,4K（参数）,写实风格（风格）。生成的图片如图 5-32 所示。

图 5-32　生成的宋徽宗图片

- 莫宣卿(主体),中国古代状元,写实风格,头戴高黑色帽子,身穿红色状元服,面容平和,表情微笑(细节)。生成的图片如图 5-33 所示。

图 5-33　生成的莫宣卿图片

- 包拯(主体),长胡须,头戴着黑色官帽,身穿青色长袍,面容平和,表情平和(细节),古牌坊虚化背景(场景),超清,4K(参数),写实风格(风格)。生成的图片如图 5-34 所示。

图 5-34　生成的包拯图片

其他参数设置如下。

- 设定绘画参数模型：默认选择合适的模型即可。
- 清晰度：按需选择，不同清晰度消耗的积分不同。
- 比例：画幅的尺寸。

单击"生成"按钮，稍等片刻即可看到生成的图片，满意后单击"下载"按钮保存到本地。

② AI 视频生成详细操作。

AI 视频功能允许用户通过简单的文字描述或图片素材，自动生成高质量的视频内容。

进入视频生成模块，单击主界面的左侧边栏"视频生成"按钮进入视频制作界面。即梦 AI 的视频类型有如下两类。

- 文生视频：把文字描述变成动态视频。
- 图生视频：让静态图片"动起来"。

输入提示词，在文本框内输入想要绘制的视频内容的描述。

选择视频模板与风格：

- 视频模型：默认选择最新的模式。
- 生成时长：对应视频的时长（5s/10s），不同时长消耗积分不同。
- 视频比例：选择画幅的尺寸。

单击"生成"按钮，稍作等待，AI 将自动完成视频制作，如图 5-35 所示。

视频生成后，可以单击"下载"按钮下载到本地。

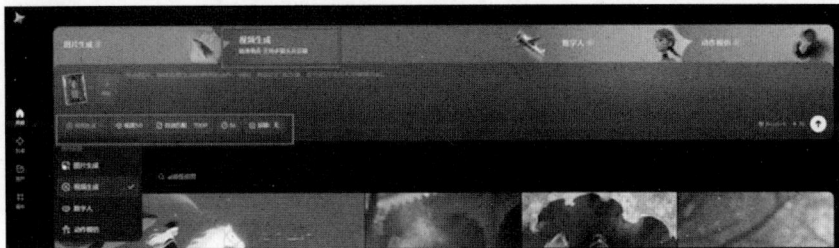

图 5-35　AI 完成视频制作

本次视频生成主要的特点是让画面更具有灵动性，如背景的流动、人物表情的展现等，给人真实的感觉，让曾经遥不可及的历史人物亲临的感觉，拉近与用户的距离。

③ 数字人对口型视频。

即梦 AI 的数字人功能基于字节跳动自研的 OmniHuman-1 模型，能够将静态图片转化为动态视频。用户只需上传一张人物图片和一段参考视频，即可生成高度逼真的动态视频。这一功能不仅支持真人图片，对动漫、3D 卡通等非真人图片的支持效果尤为出色。

数字人对口型就是让图片中的人物开口说话或者唱歌。其具体操作过程为：选择"数字人"模块，上传图片或视频，然后再上传音频，立即生成数字人视频。

"数字人"模型分为以下模型。

- 大师模式：生成超逼真的全身动作和背景动效。
- 快速模式：更快生成，成本更低。
- 基础模式：仅修改人物口型，适合演讲、对白。

④ 把在即梦 AI 平台生成的视频导入剪映即可对视频进行剪辑,可添加字幕、音乐、音效等,形成一条完整的视频。

单元小结

本单元展示的 6 个优秀项目——"翎析智鉴"智能体育训练系统、"北极星光"无障碍出行应用、"智慧物流机器人"、"玉米病虫害检测分析系统"、"PCB 缺陷检测系统"和"AI 让肇庆历史人物热聊起来"都是在"中国大学生计算机设计大赛"等权威赛事中获得省级、国家级奖项的优秀作品。除此之外,"从画像到对话,AI 技术如何让肇庆历史人物'活'起来"这个项目更是登上了肇庆头条新闻。这些项目从不同维度展现了人工智能技术的创新应用,既有基于计算机视觉的运动分析系统,也有融合多模态交互的无障碍解决方案,更有面向工农业生产的智能检测平台,充分体现了 AI 技术赋能各行各业的无限可能。

希望同学们通过本书的学习,能够理解人工智能的核心技术原理,并应用人工智能解决工作和生活中的实际问题。期待大家能够结合本书内容,发挥创新思维,开发出更多具有社会价值和实用意义的 AI 应用项目,在解决实际问题的过程中不断提升技术能力,为推动人工智能技术的发展和应用贡献自己的力量。

参考文献

[1] 蔡自兴,刘丽珏,陈白帆,等.人工智能及其应用[M].7版.北京:清华大学出版社,2024.

[2] 魏秀参.解析深度学习——卷积神经网络原理与视觉实践(开源电子版)[M].北京:电子工业出版社,2018.

[3] 黄源,任东哲,涂旭东,等.生成式人工智能技术与应用[M].北京:清华大学出版社,2025.

[4] 公衍超,杨春燕,杜文轩,等.TPACK与多智能体驱动的专业课程思政建设研究[J].计算机技术与发展,2025(07):1-10.

[5] 徐卓韵,韩春磊.民国文献知识服务中AI智能问答的应用探索——以全国报刊索引平台为例[J].四川图书馆学报,2025(07):1-9.

[6] 李景豹.人工智能大模型时代的法理:技术冲击、重构契机与应对策略[J].四川轻化工大学学报(社会科学版),2025(07):1-11.

[7] 刘妍,李梦兴,李琳.教育智能体能否提升学生学习表现——基于国内外87篇实证文献的元分析[J].现代远程教育研究,2025,37(04):23-33.

[8] 郭晗,侯雪花.人工智能科技创新与产业创新深度融合:范式、逻辑与路径[J].西安财经大学学报,2025(07):1-18.

[9] 侯西龙,刘淑华,段青玉.生成式人工智能驱动的新型学术阅读平台:功能特征与交互过程[J].图书馆论坛,2025(07):1-11.

[10] 郭梓唯,蒋连飞,杨叶思静,等.数字化转型背景下辅助地理分层教学的多智能体交互模型的构建[J].地理教学,2025,14:58-62.

[11] 郑娅峰,赵亚宁,黄璟玥,等.教育智能体:研究现状和发展趋势[J].现代远程教育研究,2025,37(04):3-13+59.

[12] 刘根嘉,陈思衡,张文军.多智能体协作感知的现状与展望[J].中兴通讯技术,2025(07):1-11.

[13] 张培龙,马云潇,李华,等.大语言模型驱动的多智能体网络意图识别框架[J].小型微型计算机系统,2025(07):1-10.

[14] 王骁汉,江哲涵,廖珺,等.基于多智能体的PBL模拟教学系统的构建[J].护理研究,2025,39(13):2191-2197.

[15] 王宏,任志刚,邢玛丽,等.基于观测的事件触发控制策略下随机多智能体系统一致性[J].广东工业大学学报,2025(07):1-9.

[16] 黄艳,毕钰圻.AI大模型赋能大中小学思政课内容一体化建设路径[J].河南科技学院学报,2025,45(06):8-15.

[17] 张应腾,徐晶晶.AI大模型赋能高等教育的路径探索[J].科教文汇,2025(12):1-5.

[18] 朱珺辰,张昀,吴家宝,等.面向AI大模型的新一代数智一体化平台[J].信息技术与标准化,2025(06):7-14.

[19] 黄源,张莉.AIGC基础与应用[M].北京:人民邮电出版社,2024.

图书资源支持

感谢您一直以来对清华版图书的支持和爱护。为了配合本书的使用，本书提供配套的资源，有需求的读者请扫描下方的"书圈"微信公众号二维码，在图书专区下载，也可以拨打电话或发送电子邮件咨询。

如果您在使用本书的过程中遇到了什么问题，或者有相关图书出版计划，也请您发邮件告诉我们，以便我们更好地为您服务。

我们的联系方式：

清华大学出版社计算机与信息分社网站：https://www.shuimushuhui.com/

地　　址：北京市海淀区双清路学研大厦 A 座 714

邮　　编：100084

电　　话：010-83470236　010-83470237

客服邮箱：2301891038@qq.com

QQ：2301891038（请写明您的单位和姓名）

资源下载： 关注公众号"书圈"下载配套资源。

资源下载、样书申请

图书案例

书 圈

清华计算机学堂

观看课程直播